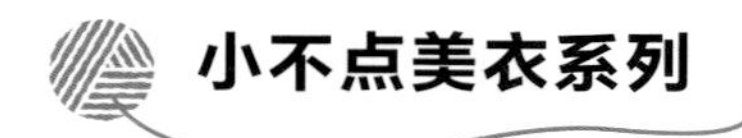
小不点美衣系列

七彩童年手织衣

李意芳 / 著

U0305545

中国纺织出版社

目录
CONTENTS

1 星河传说 / 4
2 岚 / 5
3 王冠超人 / 6
4 红酒 / 8
5 福禄寿 / 9
6 俏皮斗篷 / 10
7 纷飞 / 11
8 年 / 12
9 秋叶 / 13
10 小女王 / 14
11 冬 / 15
12 油彩 / 16
13 喜 / 17
14 粉嫩红颜 / 18
15 香薰 / 19
16 海与岸 / 20
17 草原 / 21
18 星语心愿 / 22
19 花火 / 23
20 小画家 / 24

21 皮草公主 / 25

22 彩旗 / 26

23 繁星 / 27

24 蓝色倾情 / 28

25 素色小扭花 / 29

26 田园 / 30

27 公园的早晨 / 31

28 三彩 / 32

29 苏格兰 / 34

30 塞娅公主 / 35

31 三色菱形 / 36

32 小甜心 / 37

33 英格兰 / 38

34 安静的小绅士 / 39

35 凯茜 / 40

36 红梅韵 / 41

37 晚霞 / 42

38 雾色 / 43

39 碧玺 / 44

40 早春 / 45

41 青瓜花 / 46

42 山姆王子 / 47

43 夏花 / 48

44 三角旗 / 49

45 英俊小王子 / 50

46 凌霄花 / 51

47 圣诞 / 52

48 紫梅 / 53

49 清爽夏日 / 54

50 粉妆玉琢 / 55

1

星河传说

编织方法：第57页

使用线材：九色鹿100%Merino wool毛线、金色童年手编宝宝毛线、新生儿专用线

2

岚

编织方法：第59页

使用线材：九色鹿新生儿专用线

3

王冠超人

编织方法：第60页

使用线材：九色鹿金色童年手编宝宝毛线

4

红酒

编织方法：第62页

使用线材：九色鹿金色童年手编宝宝毛线

5

福禄寿

编织方法：第64页

使用线材：九色鹿金色童年手编宝宝毛线、新生儿专用线

6

俏皮斗篷

编织方法：第66页

使用线材：九色鹿金色童年手编宝宝毛线

7

纺飞

编织方法：第68页

使用线材：九色鹿100%
Merino Wool毛线

8
年

编织方法：第70页

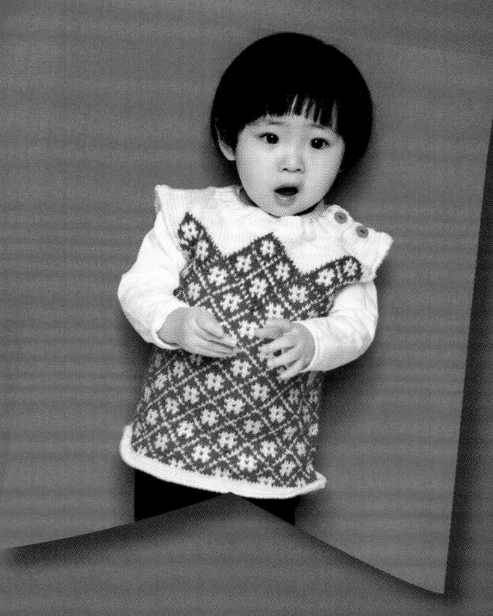

使用线材：九色鹿金色童年手编宝宝毛线

9

秋叶

编织方法：第72页

使用线材：九色鹿100%
Merino wool毛线

10

小女王

编织方法：第74页

使用线材：九色鹿金色童年手编宝宝毛线

11

冬

编织方法：第76页

使用线材：九色鹿珊瑚绒宝宝线

12

油彩

编织方法：第78页

使用线材：九色鹿金色童年手编宝宝毛线、100%Merino wool毛线

13

喜

编织方法：第80页

使用线材：九色鹿100%Merino wool毛线、金色童年手编宝宝毛线

14

粉嫩红颜

编织方法：第82页

使用线材：九色鹿金色童年手编宝宝毛线、韵皮草线、快乐童年手编宝宝线

15

香薰

编织方法：第84页

使用线材：九色鹿100% Merino wool毛线、快乐童年手编宝宝线

16

海与岸

编织方法：第86页

使用线材：九色鹿金色童年手编宝宝毛线

17

草原

编织方法：第88页

使用线材：九色鹿快乐童年手编宝宝线、韵皮草线

18

星语心愿

编织方法：第90页

使用线材：九色鹿快乐童年手编宝宝线、100% Merino wool毛线、金色童年手编宝宝毛线

19

花火

编织方法：第92页

使用线材：九色鹿100%Merino wool毛线

20

小画家

编织方法：第94页

使用线材：九色鹿金色童年手编宝宝毛线、100%Merino wool毛线

21

皮草公主

编织方法：第96页

使用线材：九色鹿韵皮草线

22

彩旗

编织方法：第97页

使用线材：九色鹿金色童年手编宝宝毛线

23

繁星

编织方法：第99页

使用线材：九色鹿100%羊毛宝宝专用线、金色童年手编宝宝毛线、100%Merino Wool毛线、新生儿专用线

24

蓝色倾情

编织方法：第101页

使用线材：九色鹿金色童年手编宝宝毛线

25

素色小扭花

编织方法：第103页

使用线材：九色鹿金色童年手编宝宝毛线

26

田园

编织方法：第105页

使用线材：九色鹿韵皮草线

27

公园的早晨

编织方法：第106页

使用线材：九色鹿韵皮草线、珊瑚绒宝宝线、金色童年手编宝宝毛线

28

三彩

编织方法：第107页

使用线材：九色鹿珊瑚绒宝宝线

29

苏格兰

编织方法：第109页

使用线材：九色鹿珊瑚绒宝宝线、金色童年手编宝宝毛线

30

塞娅公主

编织方法：第111页

使用线材：九色鹿金色童年手编宝宝毛线、韵皮草线

31

三色菱形

编织方法：第113页

使用线材：九色鹿金色童年手编宝宝毛线

32

小甜心

编织方法：第114页

使用线材：九色鹿金色童年手编宝宝毛线

33

英格兰

编织方法：第115页

使用线材：九色鹿珊瑚绒宝宝线、金色童年手编宝宝毛线

34

安静的小绅士

编织方法：第117页

使用线材：九色鹿新生儿专用线

35

凯茜

编织方法：第119页

使用线材：九色鹿韵皮草线

36

红梅韵

编织方法：第120页

使用线材：九色鹿珊瑚绒宝宝线、韵皮草线

37

晚霞

编织方法：第121页

使用线材：九色鹿金色童年手编宝宝毛线、新生儿专用线

38

雾色

编织方法：第122页

使用线材：九色鹿新生儿专用线、九色鹿韵皮草线

39

碧玺

编织方法：第123页

使用线材：九色鹿韵皮草线

40

早春

编织方法：第124页

使用线材：九色鹿金色童年手编宝宝毛线、九色鹿新生儿专用线、快乐童年手编宝宝线

41

青瓜花

编织方法：第126页

使用线材：九色鹿新生儿专用线

42

山姆王子

编织方法：第127页

使用线材：九色鹿金色童年手编宝宝毛线、100% Merino wool毛线

43

夏花

编织方法：第129页

使用线材：九色鹿新生儿专用线

44

三角旗

编织方法：第130页

使用线材：九色鹿金色童年手编宝宝毛线

45

英俊小王子

编织方法：第131页

使用线材：九色鹿金色童年
手编宝宝毛线

46

凌霄花

编织方法：第133页

使用线材：九色鹿100%Merino wool毛线、金色童年手编宝宝毛线

47

圣诞

编织方法：第135页

使用线材：九色鹿珊瑚绒宝宝线

48

紫梅

编织方法：第137页

使用线材：九色鹿100%Merino wool毛线

49

清爽夏日

编织方法：第139页

使用线材：九色鹿新生儿专用线

50

粉妆玉琢

编织方法：第141页

使用线材：九色鹿金色童年手编宝宝毛线、韵皮草线

1
星河传说

编织材料・九色鹿100%Merino wool -1052蓝紫色-100g
九色鹿金色童年-1222大红色-100g
九色鹿新生儿专用线-2024蓝色-30g

编织工具・3.5mm棒针

成品尺寸・衣长37.5cm、胸宽32cm、肩宽24.5cm、袖口16cm

编织密度・22针×28行/10cm×10cm

编织要点・此款毛衣编织的难点是图案。首先分别将左前、右前身片及后身片编织好并缝合，缝合时注意花样对齐、平整。接着编织左、右袖口缘边。最后编织领口缘边。

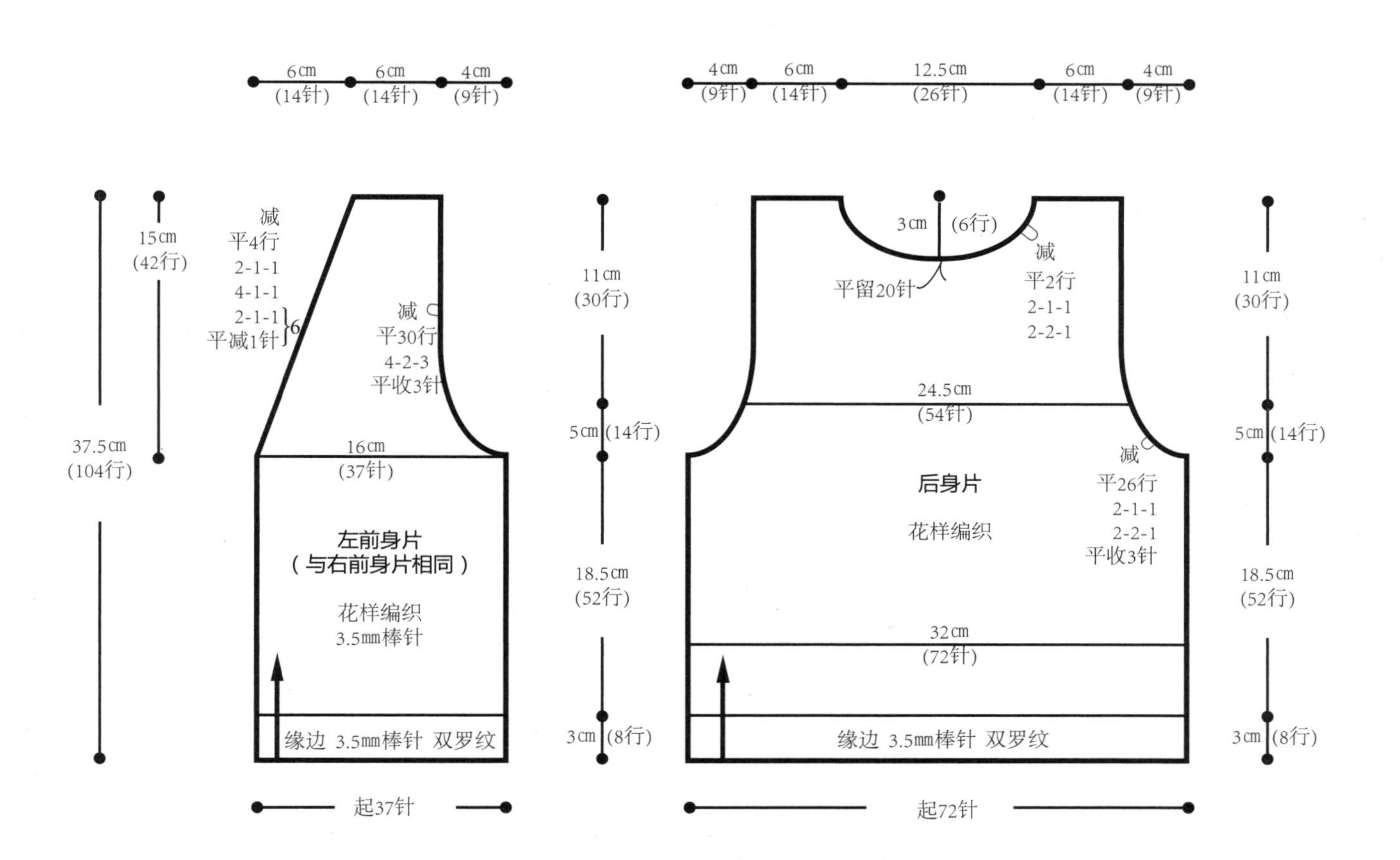
6cm (14针) 6cm (14针) 4cm (9针)
4cm (9针) 6cm (14针) 12.5cm (26针) 6cm (14针) 4cm (9针)
15cm (42行)
37.5cm (104行)
减 平4行 2-1-1 4-1-1 2-1-1 平减1针 6
减 平30行 4-2-3 平收3针
16cm (37针)
左前身片
（与右前身片相同）
花样编织
3.5mm棒针
缘边 3.5mm棒针 双罗纹
起37针
11cm (30行)
5cm (14行)
18.5cm (52行)
3cm (8行)
3cm (6行)
平留20针
减 平2行 2-1-1 2-2-1
24.5cm (54针)
后身片
花样编织
减 平26行 2-1-1 2-2-1 平收3针
32cm (72针)
缘边 3.5mm棒针 双罗纹
起72针

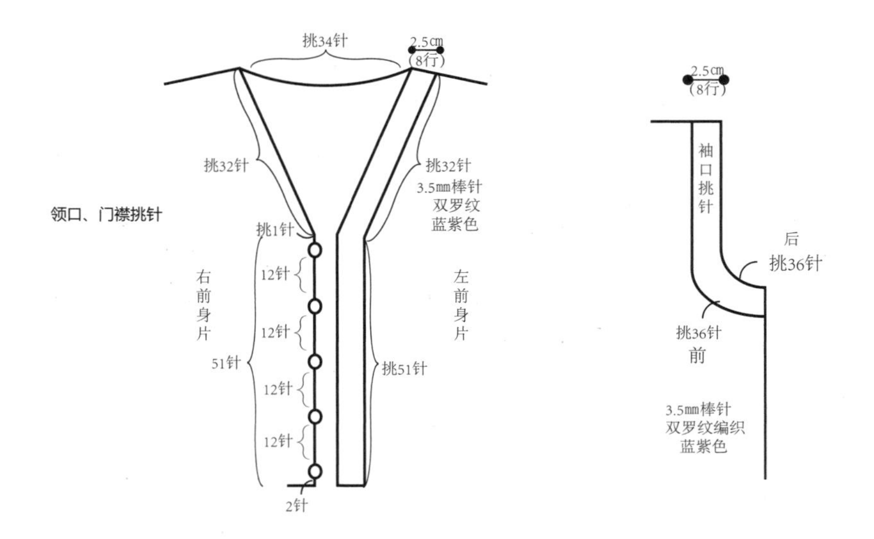
领口、门襟挑针
挑34针
2.5cm (8行)
挑32针
挑32针
3.5mm棒针
双罗纹
蓝紫色
挑1针
右前身片
12针
12针
51针
12针
12针
2针
左前身片
挑51针
2.5cm (8行)
袖口挑针
后
挑36针
挑36针
前
3.5mm棒针
双罗纹编织
蓝紫色

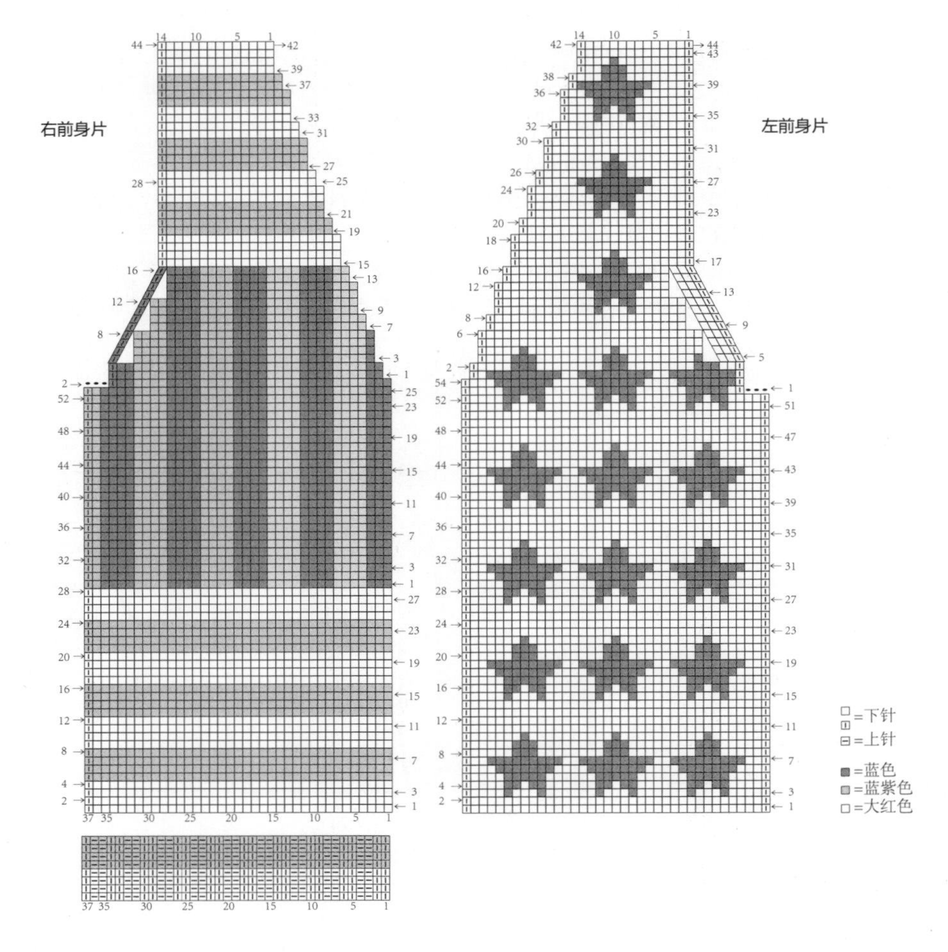
右前身片
左前身片
□=下针
⊟=上针
■=蓝色
■=蓝紫色
□=大红色

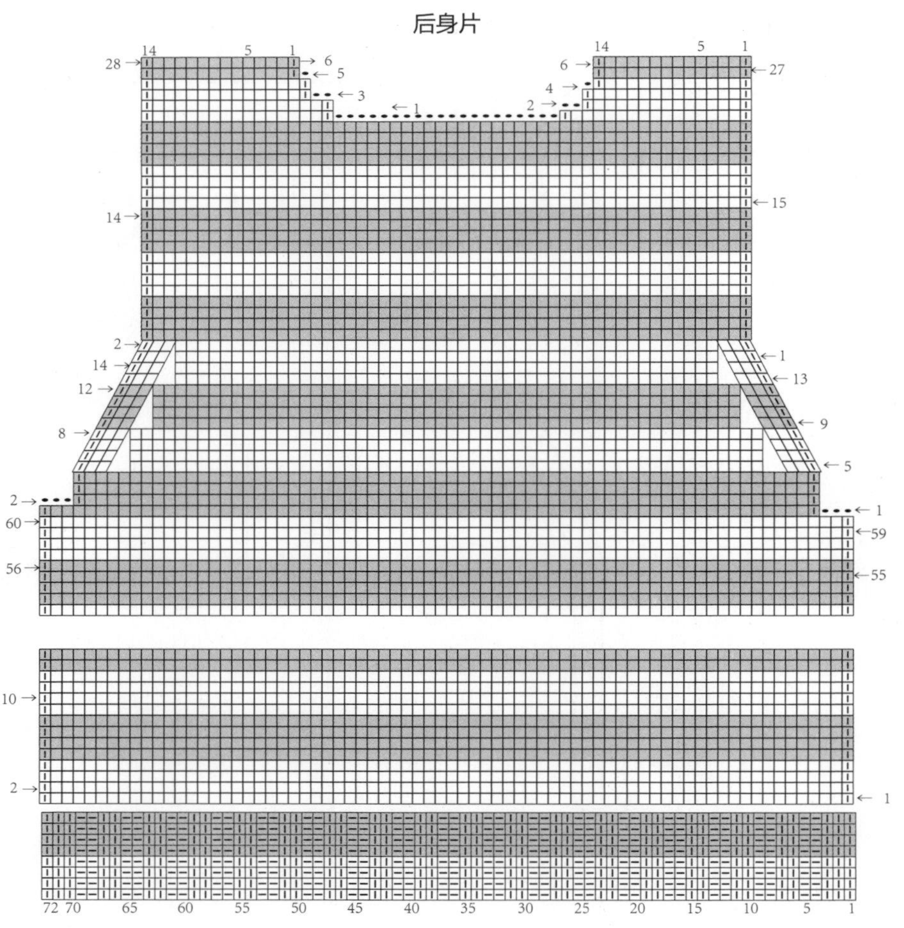
后身片

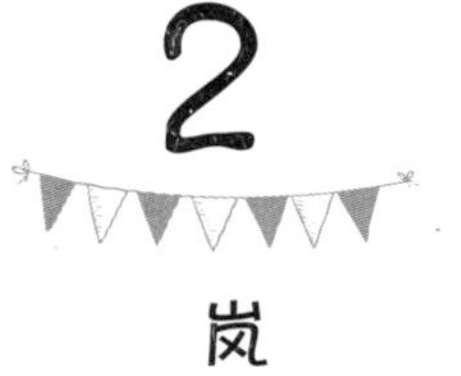
2
岚

编织材料·九色鹿新生儿专用线-1311蓝色-120g、1204粉玉色-20g

编织工具·3.5mm钩针

成品尺寸·衣长25cm、胸宽30cm、袖肩宽30cm

编织密度·10cm×10cm/1个单元花

编织要点·此款毛衣编织的难点是单元花的连接。首先编织单元花并将其一一连接，注意袖子及前身片重合位置的连接。然后编织领口缘边。

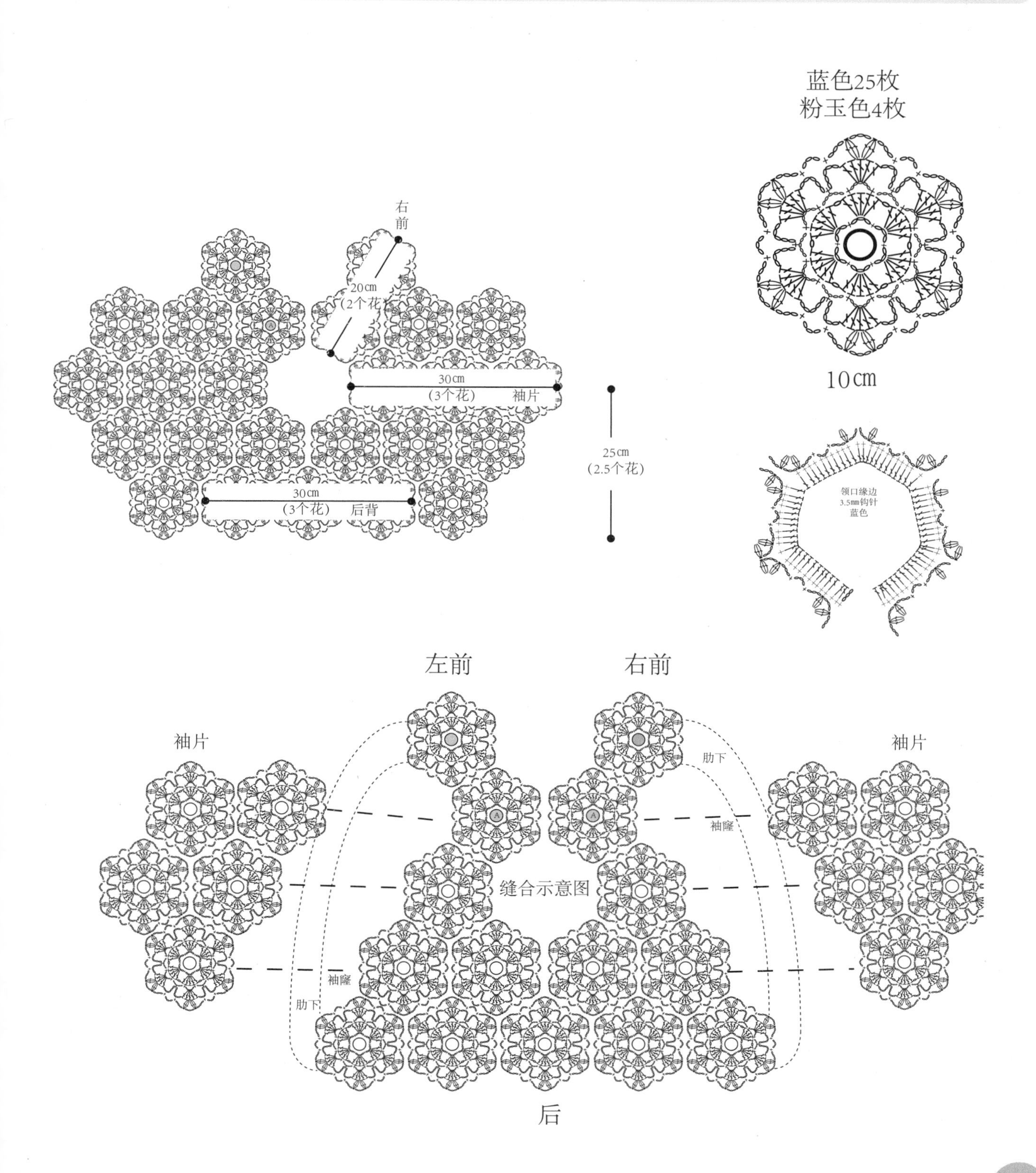
蓝色25枚
粉玉色4枚
10㎝
右前
20㎝
(2个花)
30㎝
(3个花)
袖片
25㎝
(2.5个花)
30㎝
(3个花)
后背
领口缘边
3.5mm钩针
蓝色
左前
右前
袖片
袖片
肋下
袖窿
缝合示意图
袖窿
肋下
后

3

王冠超人

编织材料·九色鹿金色童年-1225枣红色-100g、1316宝蓝色-150g、1222大红色-少量

编织工具·3.5mm棒针、4.0mm棒针、3.5mm钩针

编织密度·21针×28行/10cm×10cm

毛衣尺寸·衣长30cm、胸宽29cm、肩宽21cm、袖长28cm

编织要点·此款毛衣编织的难点是花样，注意色线互换时手劲的松紧。首先分别将前、后身片编织好并缝合，缝合时注意花样对齐、平整。接着编织左、右袖口缘边，再编织领口缘边。最后编织装饰物并固定好。

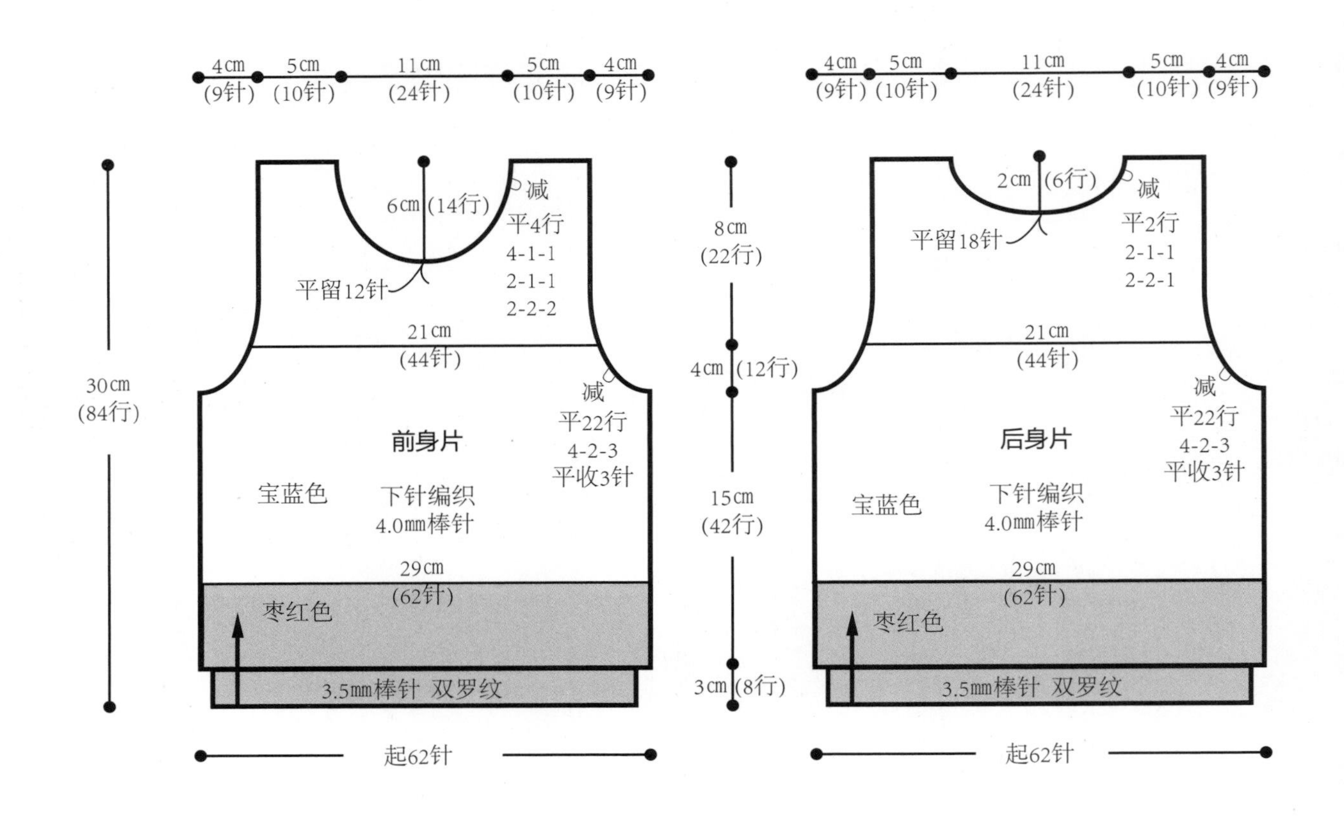

4cm (9针)
5cm (10针)
11cm (24针)
5cm (10针)
4cm (9针)
6cm (14行)
减
平4行
4-1-1
2-1-1
2-2-2
平留12针
21cm (44针)
30cm (84行)
减
平22行
4-2-3
平收3针
前身片
宝蓝色
下针编织
4.0mm棒针
29cm (62针)
枣红色
3.5mm棒针 双罗纹
起62针
8cm (22行)
4cm (12行)
15cm (42行)
3cm (8行)
2cm (6行)
平留18针
减
平2行
2-1-1
2-2-1
21cm (44针)
减
平22行
4-2-3
平收3针
后身片
宝蓝色
下针编织
4.0mm棒针
29cm (62针)
枣红色
3.5mm棒针 双罗纹
起62针

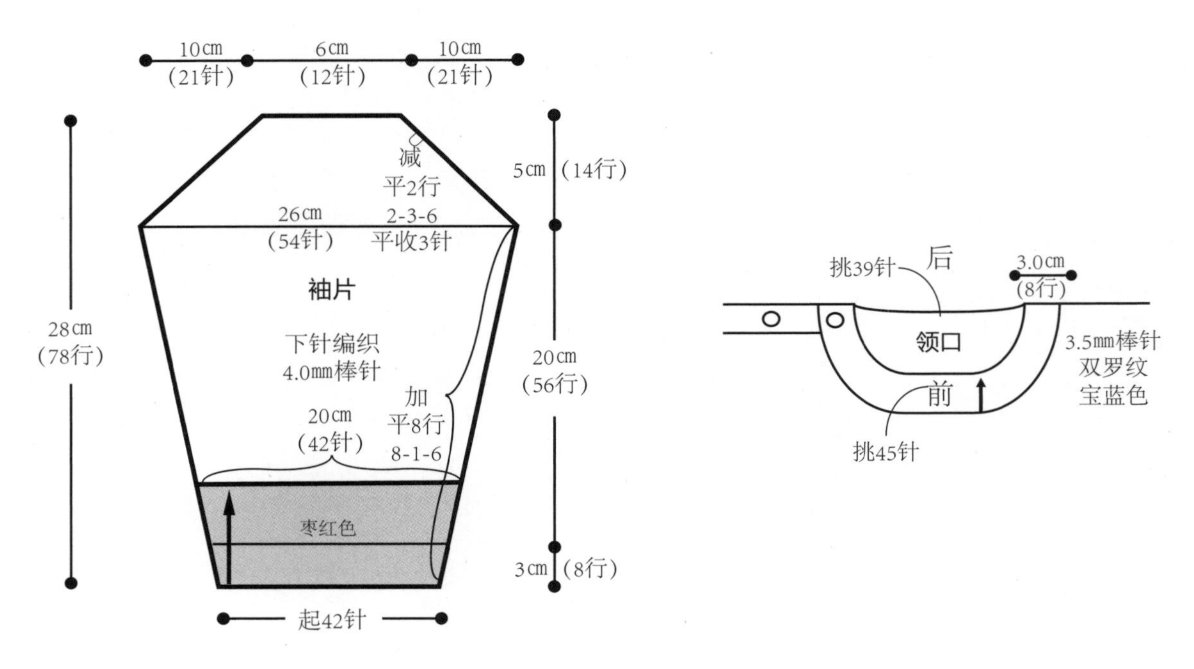

10cm (21针)
6cm (12针)
10cm (21针)
减
平2行
2-3-6
平收3针
26cm (54针)
5cm (14行)
28cm (78行)
袖片
下针编织
4.0mm棒针
加
平8行
8-1-6
20cm (56行)
20cm (42针)
枣红色
3cm (8行)
起42针
挑39针
后
3.0cm (8行)
领口
3.5mm棒针
双罗纹
宝蓝色
前
挑45针

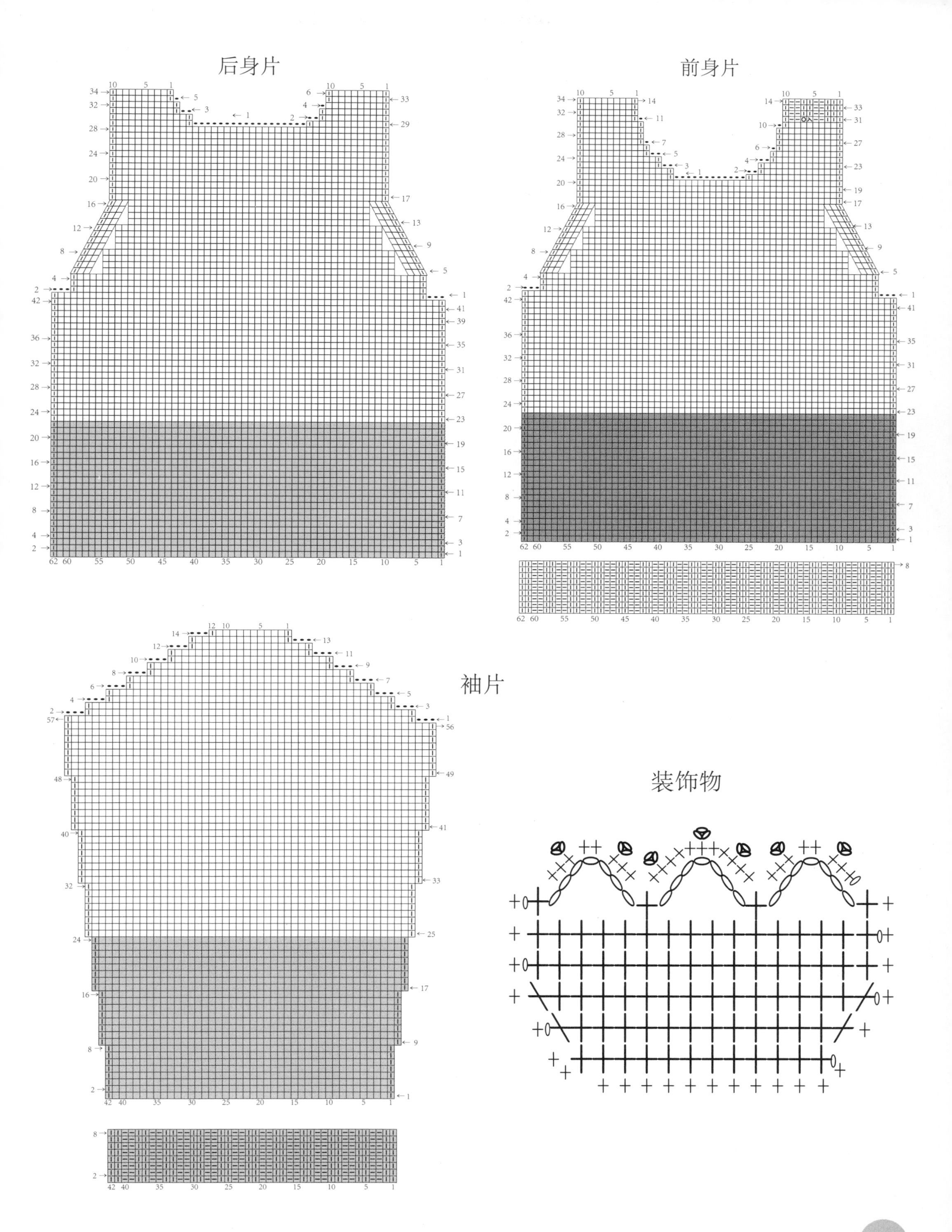
后身片
前身片
袖片
装饰物

4
红酒

编织材料・九色鹿金色童年-1225枣红色-250g

编织工具・4.0mm钩针

成品尺寸・衣长47cm、胸宽30cm、肩宽30cm、袖口15cm

编织密度・10cm × 10cm/1个单元花

编织要点・此款毛衣编织的难点是花样，要注意手劲松紧适当。首先编织上身片的单元花并将其一一连接，再编织前、后裙片并缝合。

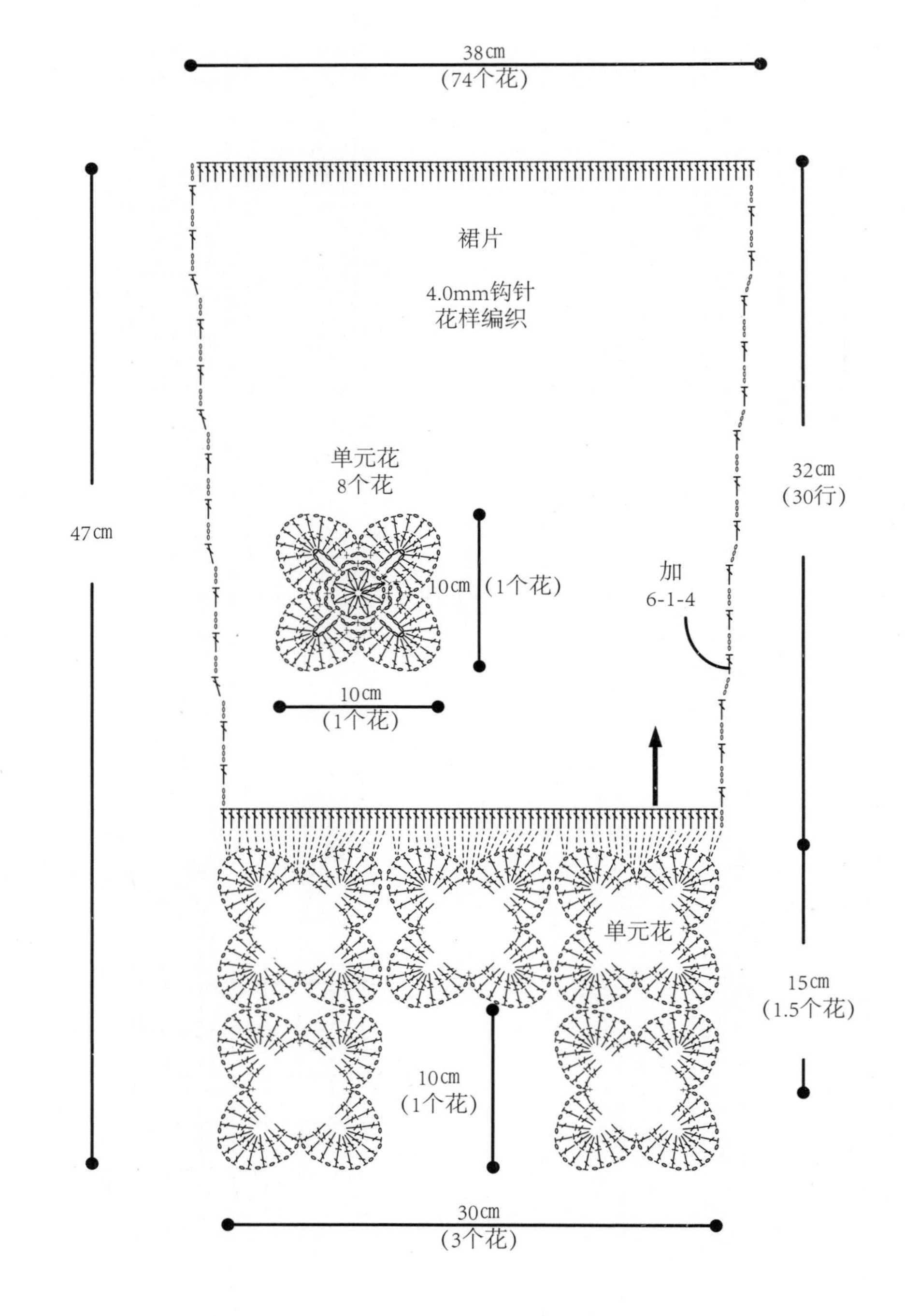
38cm
(74个花)
裙片
4.0mm钩针
花样编织
47cm
32cm
(30行)
单元花
8个花
10cm
(1个花)
10cm
(1个花)
加
6-1-4
单元花
15cm
(1.5个花)
10cm
(1个花)
30cm
(3个花)

裙片

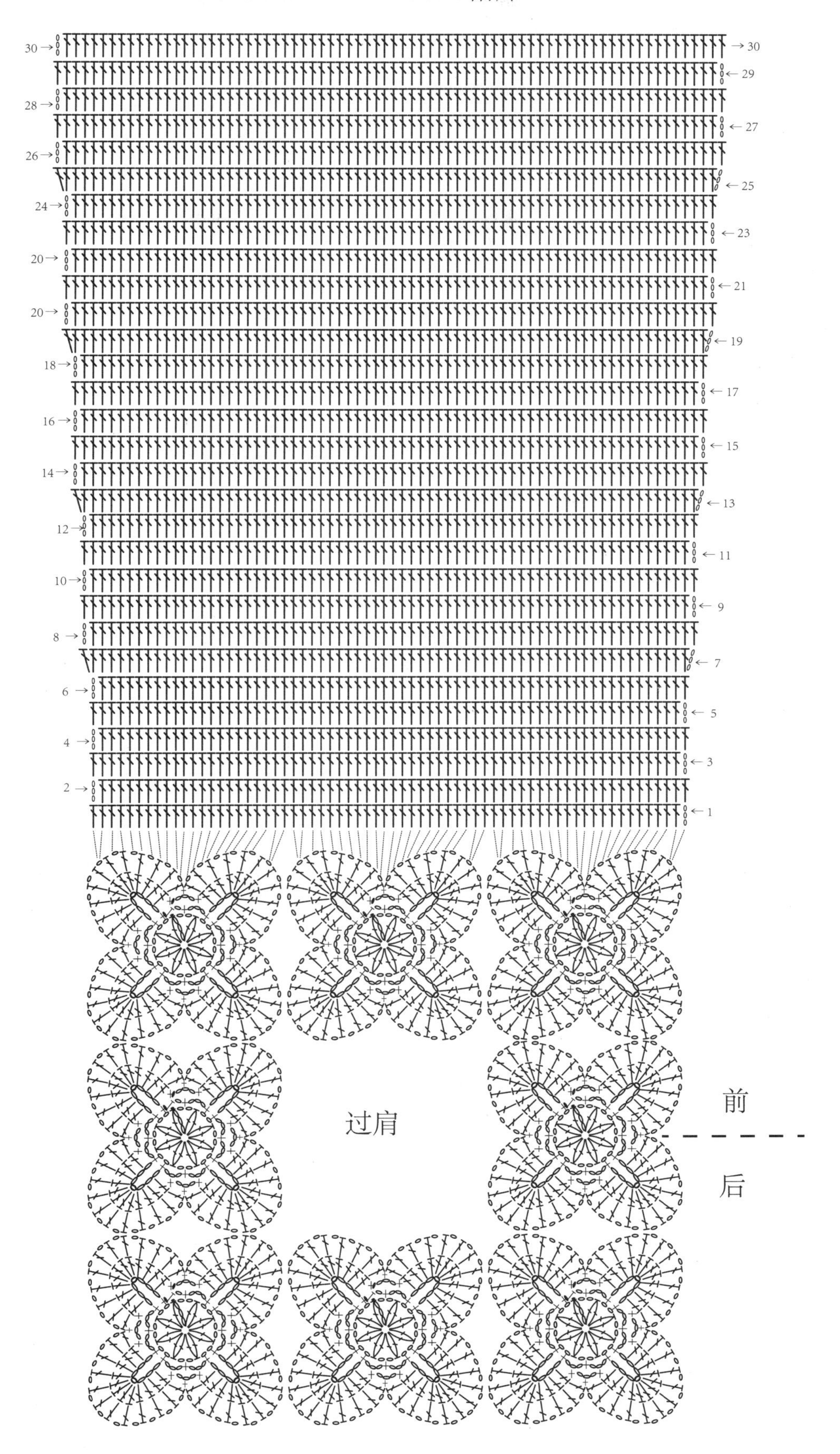

30
→30
29
28
27
26
25
24
23
20
21
20
19
18
17
16
15
14
13
12
11
10
9
8
7
6
5
4
3
2
1
过肩
前
后

5

福禄寿

编织材料・九色鹿快乐童年-3108粉紫色-250g
九色鹿新生儿专用线-1311蓝色-20g
九色鹿新生儿专用线-1404绿色-20g
九色鹿金色童年-1222大红色-25g

编织工具・3.5mm棒针

成品尺寸・衣长32cm、胸宽30cm、肩宽25cm、袖长27.5cm

编织密度・24针×32行/10cm×10cm

编织要点・此款毛衣编织的难点是花样，要注意花样变化的规律，建议分线、分区块编织。首先分别将前、后身片编织好并缝合，缝合时注意花样对齐、平整。接着编织左、右袖口及领口缘边。最后编织前、后下摆缘边。

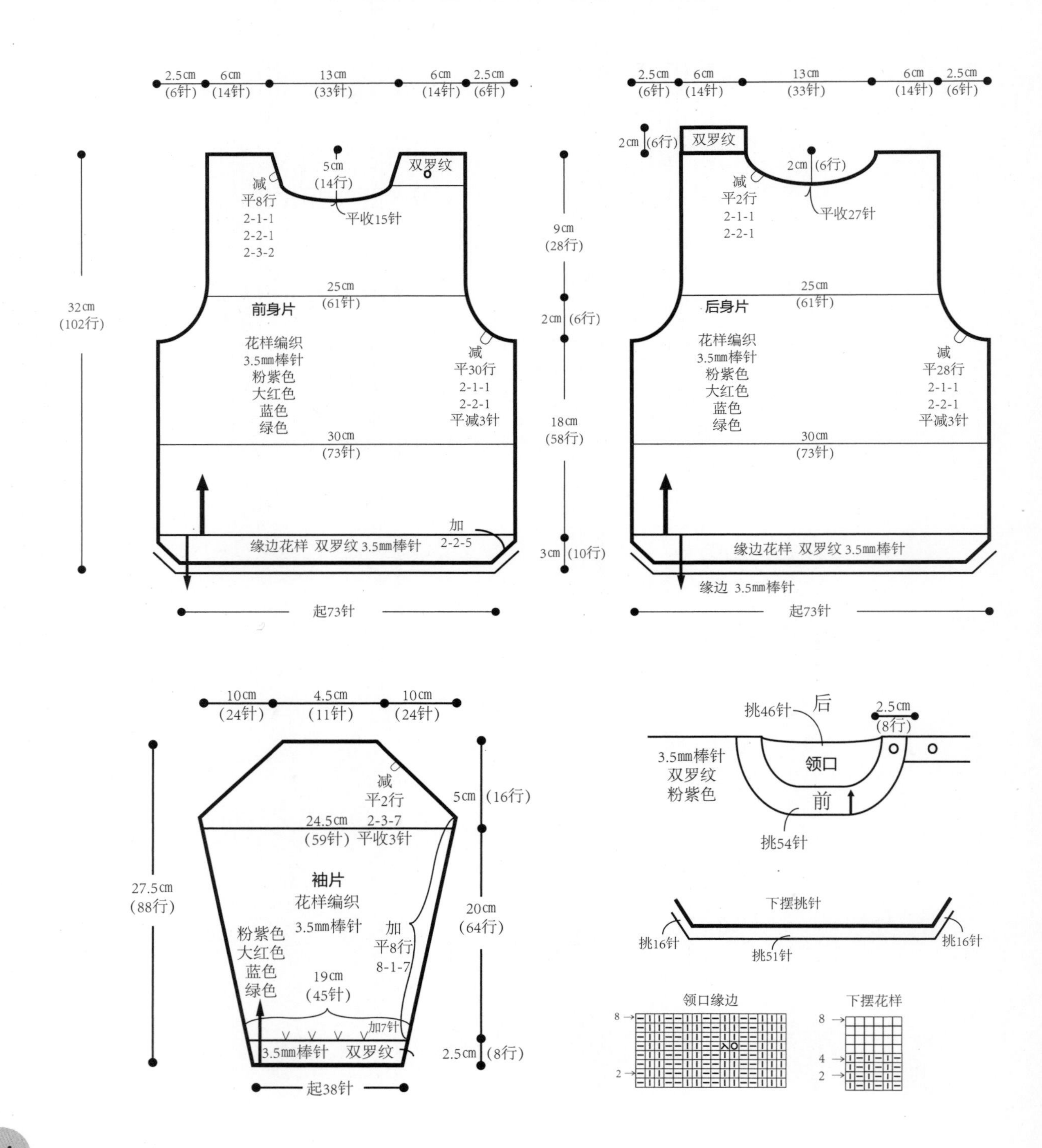

2.5cm (6针) 6cm (14针) 13cm (33针) 6cm (14针) 2.5cm (6针)
5cm (14行)
双罗纹
减
平8行
2-1-1
2-2-1
2-3-2
平收15针
32cm (102行)
25cm (61针)
前身片
花样编织
3.5mm棒针
粉紫色
大红色
蓝色
绿色
减
平30行
2-1-1
2-2-1
平减3针
30cm (73针)
加
2-2-5
缘边花样 双罗纹 3.5mm棒针
起73针
9cm (28行)
2cm (6行)
18cm (58行)
3cm (10行)
2cm (6行)
双罗纹
2cm (6行)
减
平2行
2-1-1
2-2-1
平收27针
25cm (61针)
后身片
花样编织
3.5mm棒针
粉紫色
大红色
蓝色
绿色
减
平28行
2-1-1
2-2-1
平减3针
30cm (73针)
缘边花样 双罗纹 3.5mm棒针
缘边 3.5mm棒针
起73针
10cm (24针) 4.5cm (11针) 10cm (24针)
减
平2行
2-3-7
平收3针
24.5cm (59针)
5cm (16行)
27.5cm (88行)
袖片
花样编织
3.5mm棒针
粉紫色
大红色
蓝色
绿色
加
平8行
8-1-7
20cm (64行)
19cm (45针)
加7针
3.5mm棒针 双罗纹
2.5cm (8行)
起38针
挑46针
后
2.5cm (8行)
3.5mm棒针
双罗纹
粉紫色
领口
前
挑54针
下摆挑针
挑16针
挑51针
挑16针
领口缘边
下摆花样

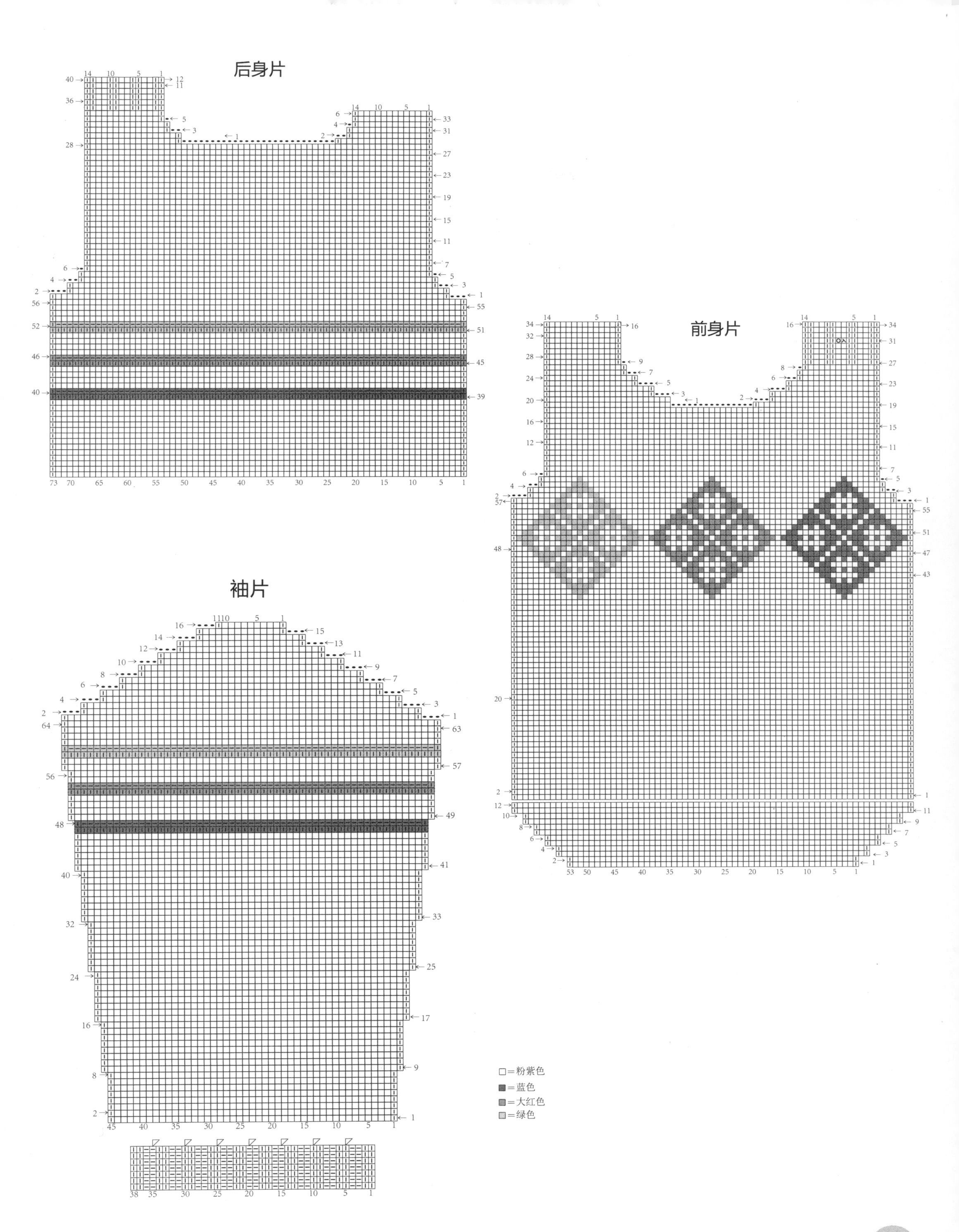
后身片
前身片
袖片
□=粉紫色
■=蓝色
■=大红色
■=绿色

6 俏皮斗篷

编织材料·九色鹿金色童年-9603灰色-300g、1222大红色-50g、1001白色-80g

编织工具·3.5mm钩针

成品尺寸·衣长32.5cm、胸宽38cm（全幅）、下摆宽152cm（全幅）

编织要点·此款毛衣编织的难点是花样，要注意加针和减针的规律。首先整片编织衣身至所需要的长度，接着编织领口缘边。再编织左、右装饰带并将其与领片对应缝合。

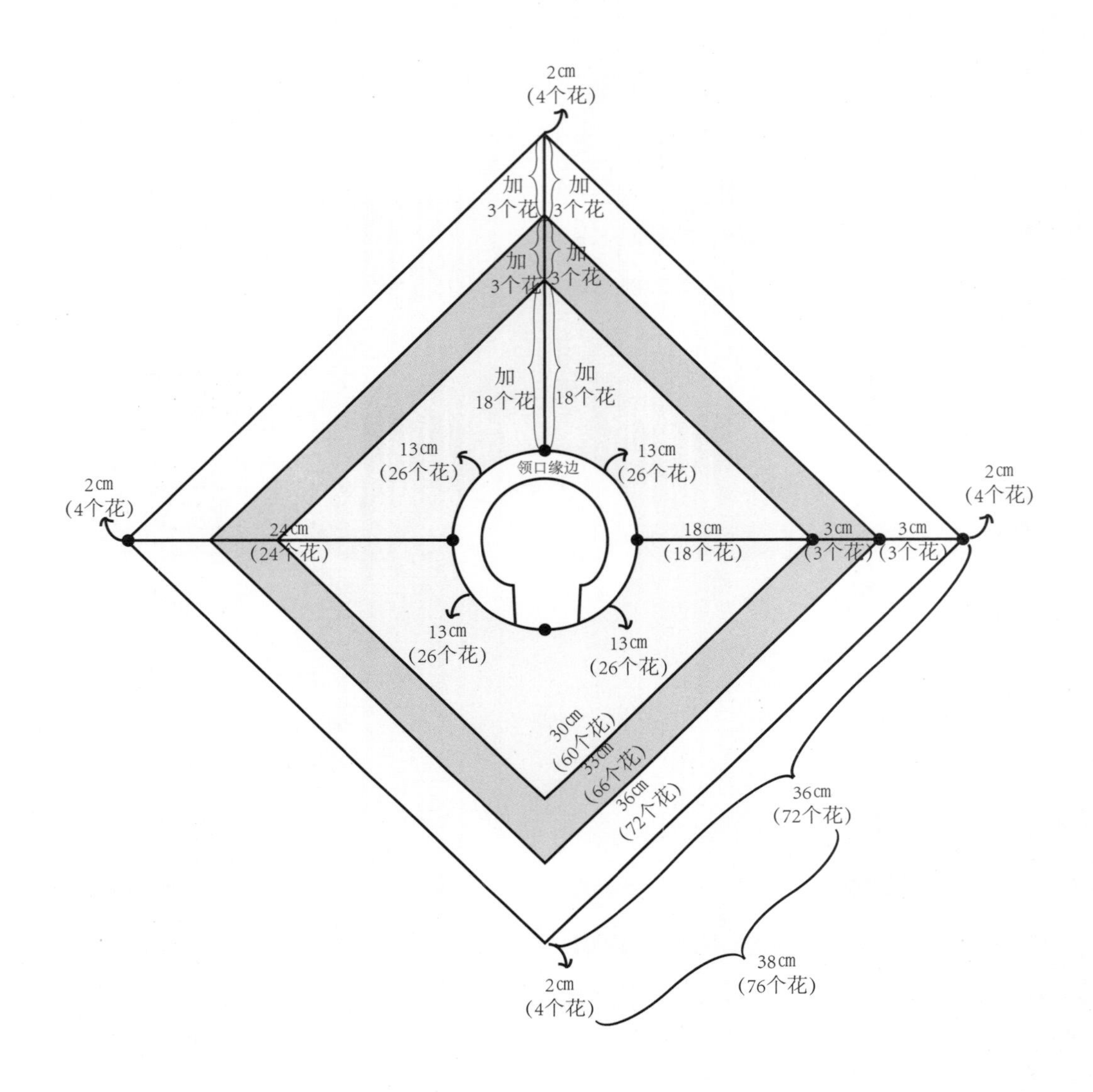

2cm
（4个花）
加
3个花
加
3个花
加
3个花
加
3个花
加
18个花
加
18个花
13cm
（26个花）
领口缘边
13cm
（26个花）
2cm
（4个花）
24cm
（24个花）
18cm
（18个花）
3cm
（3个花）
3cm
（3个花）
2cm
（4个花）
13cm
（26个花）
13cm
（26个花）
30cm
（60个花）
33cm
（66个花）
36cm
（72个花）
36cm
（72个花）
38cm
（76个花）
2cm
（4个花）

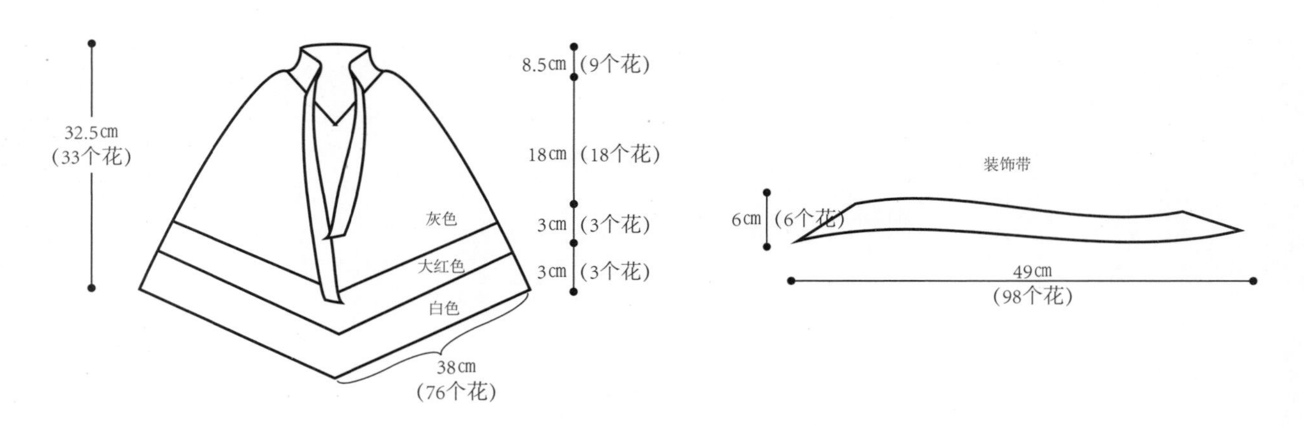

32.5cm
（33个花）
8.5cm（9个花）
18cm（18个花）
3cm（3个花）
3cm（3个花）
灰色
大红色
白色
38cm
（76个花）
装饰带
6cm（6个花）
49cm
（98个花）

领口缘边

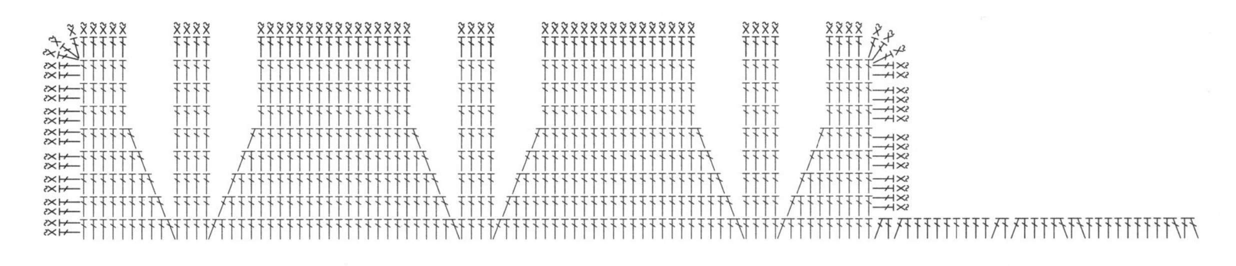

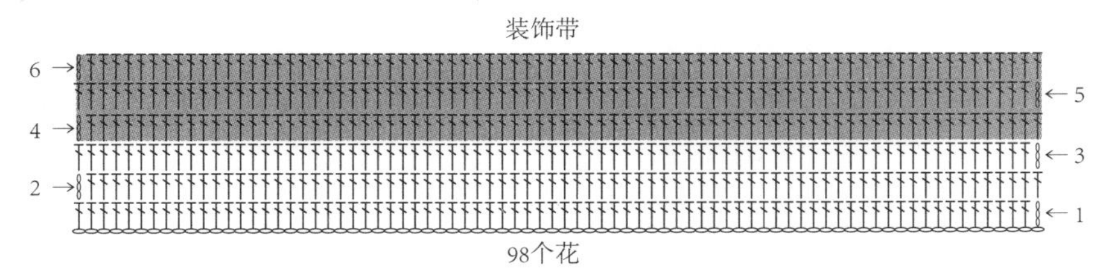
装饰带
6
5
4
3
2
1
98个花

身片

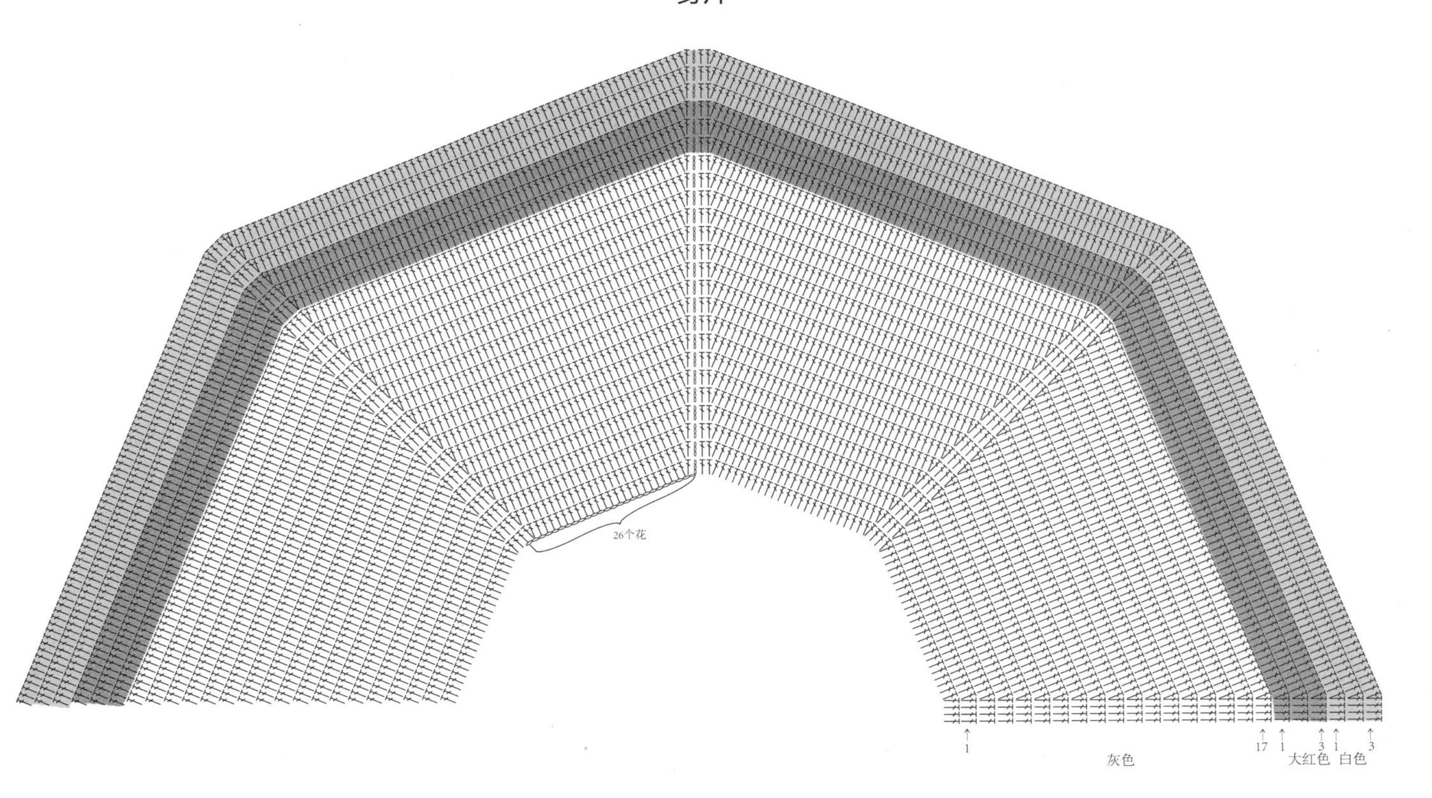
26个花
1
灰色
17
1
3
大红色
1
3
白色

7
纺飞

编织材料・九色鹿100%Merino Wool-1010藕色-150g

编织工具・3.5mm棒针、4.0mm棒针、3.5mm钩针

编织密度・22针×30行/10cm×10cm

毛衣尺寸・衣长37cm、胸宽28cm、肩宽20.5cm、袖口13cm

编织要点・此款毛衣编织的难点是花样，注意花样变化的规律。首先分别将前、后身片编织好并缝合，缝合时注意花样对齐、平整。接着编织左、右袖口缘边，最后编织领片。

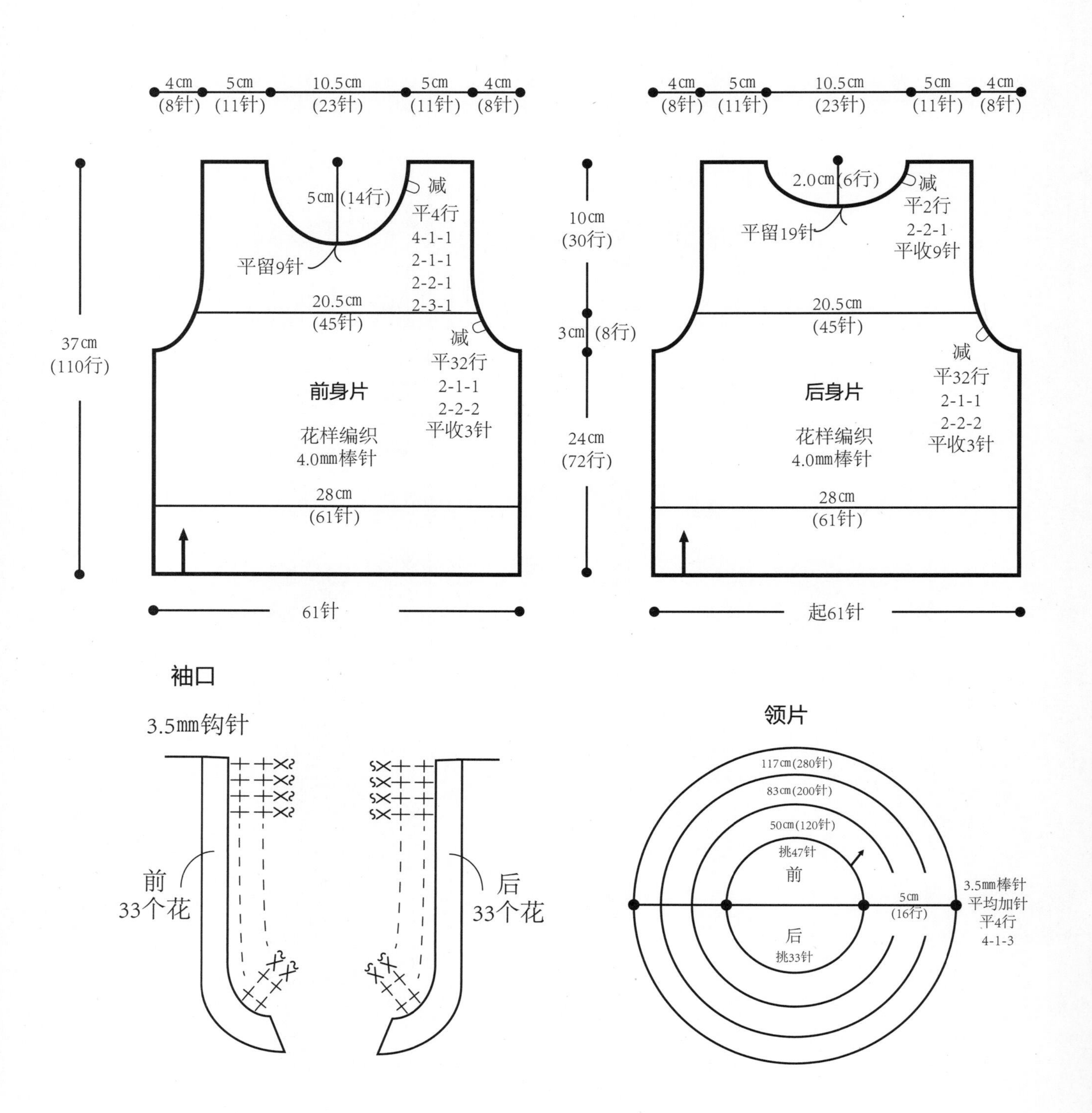
4cm (8针)
5cm (11针)
10.5cm (23针)
5cm (11针)
4cm (8针)
37cm (110行)
5cm (14行)
减
平4行
4-1-1
2-1-1
2-2-1
2-3-1
平留9针
20.5cm (45针)
减
平32行
2-1-1
2-2-2
平收3针
前身片
花样编织
4.0mm棒针
28cm (61针)
61针
10cm (30行)
3cm (8行)
24cm (72行)
2.0cm (6行)
减
平2行
2-2-1
平收9针
平留19针
20.5cm (45针)
减
平32行
2-1-1
2-2-2
平收3针
后身片
花样编织
4.0mm棒针
28cm (61针)
起61针
袖口
3.5mm钩针
前
33个花
后
33个花
领片
117cm (280针)
83cm (200针)
50cm (120针)
挑47针
前
后
挑33针
5cm (16行)
3.5mm棒针
平均加针
平4行
4-1-3

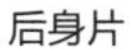
后身片

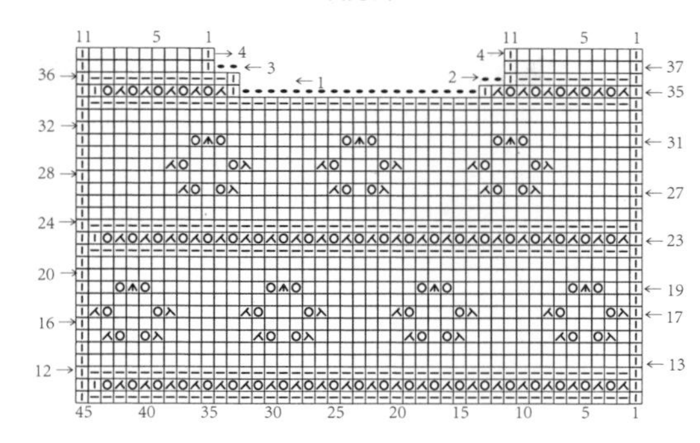

前身片

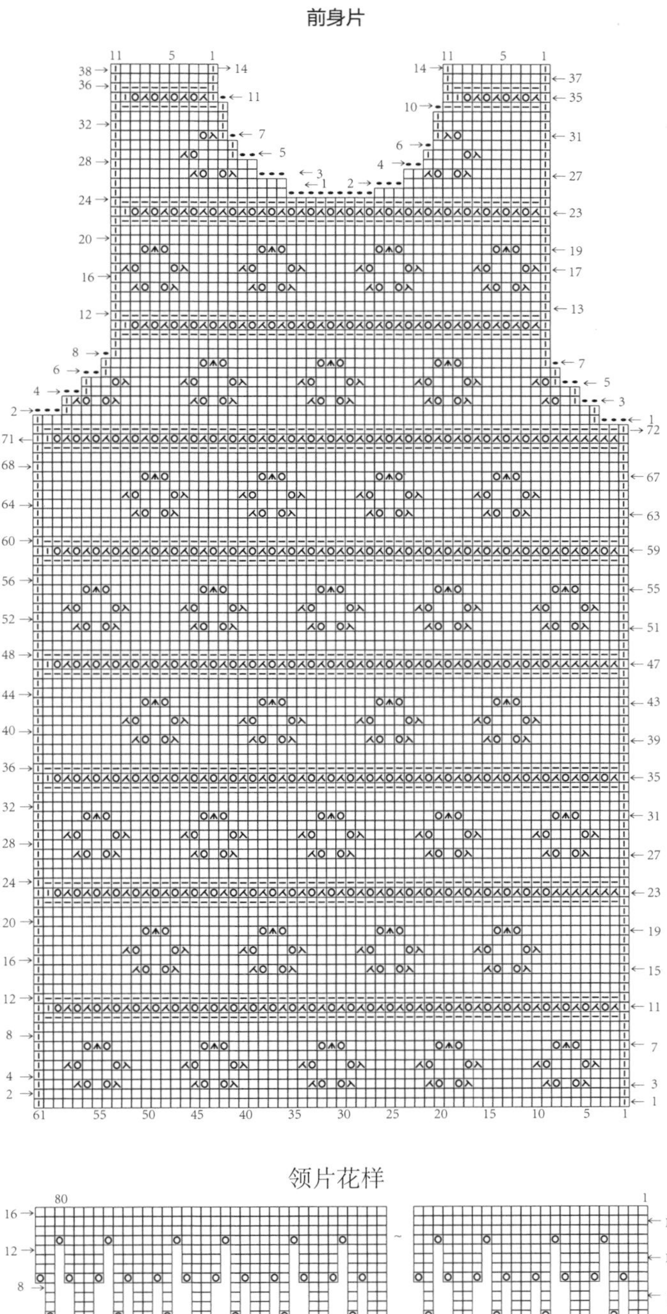

领片花样

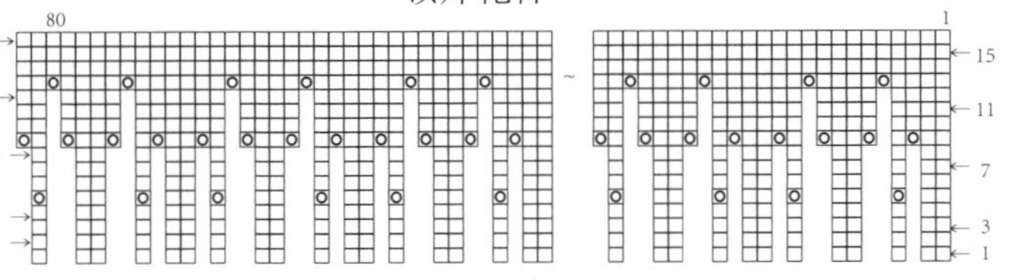

8
年

编织材料·九色鹿金色童年-1001白色-150g、1222大红色-180g、1316蓝色-50g

编织工具·3.5mm棒针、3.5mm钩针

成品尺寸·衣长36cm、胸宽27cm、肩宽22cm、袖口13cm

编织密度·27针×26行/10cm×10cm

编织要点·此款毛衣编织的难点是花样，要注意色线变化的规律。首先分别将前、后身片编织好并缝合，缝合时注意花样对齐、平整。接着编织领口缘边及左、右袖口缘边。最后编织下摆缘边。

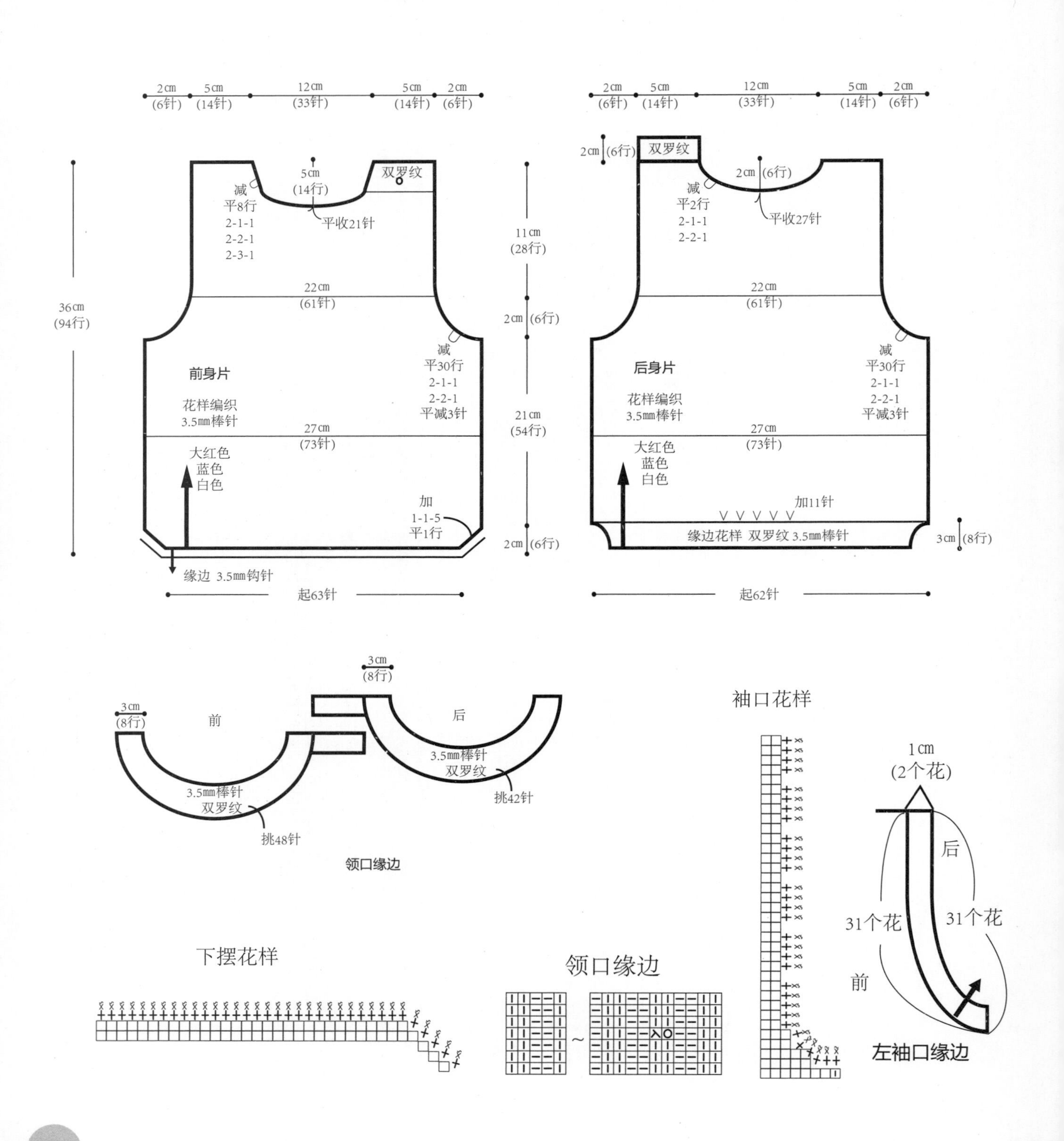
2cm (6针) 5cm (14针) 12cm (33针) 5cm (14针) 2cm (6针)
5cm (14行)
双罗纹
减
平8行
2-1-1
2-2-1
2-3-1
平收21针
11cm (28行)
22cm (61针)
36cm (94行)
2cm (6行)
前身片
花样编织
3.5mm棒针
减
平30行
2-1-1
2-2-1
平减3针
27cm (73针)
21cm (54行)
大红色
蓝色
白色
加
1-1-5
平1行
2cm (6行)
缘边 3.5mm钩针
起63针
2cm (6行)
双罗纹
2cm (6行)
平收27针
减
平2行
2-1-1
2-2-1
后身片
花样编织
3.5mm棒针
加11针
缘边花样 双罗纹 3.5mm棒针
3cm (8行)
起62针
3cm (8行)
前
后
3.5mm棒针
双罗纹
挑48针
挑42针
领口缘边
袖口花样
1cm (2个花)
31个花
31个花
前
后
左袖口缘边
下摆花样
领口缘边

前身片

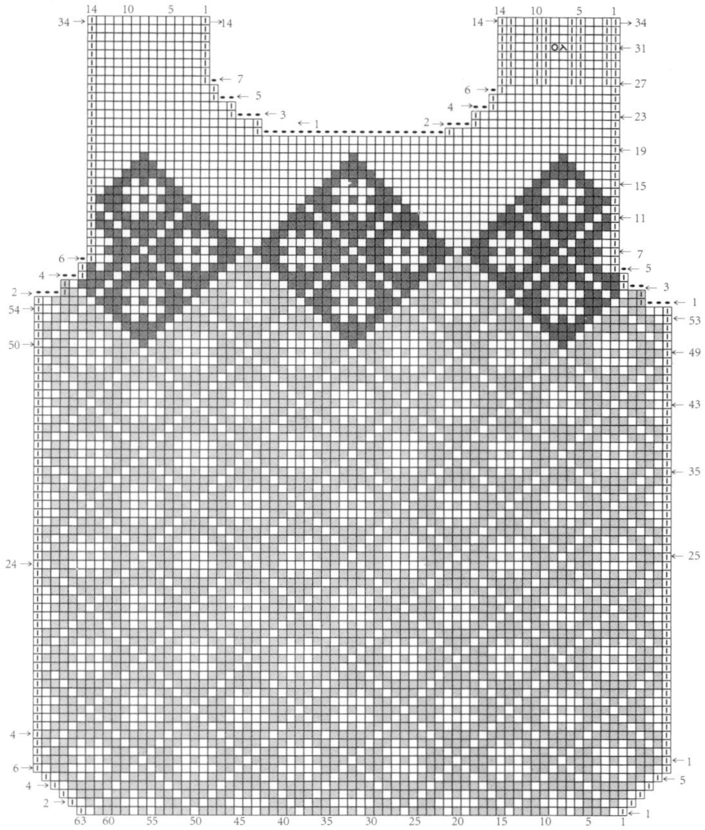

■=蓝色
▨=大红色
□=白色

后身片

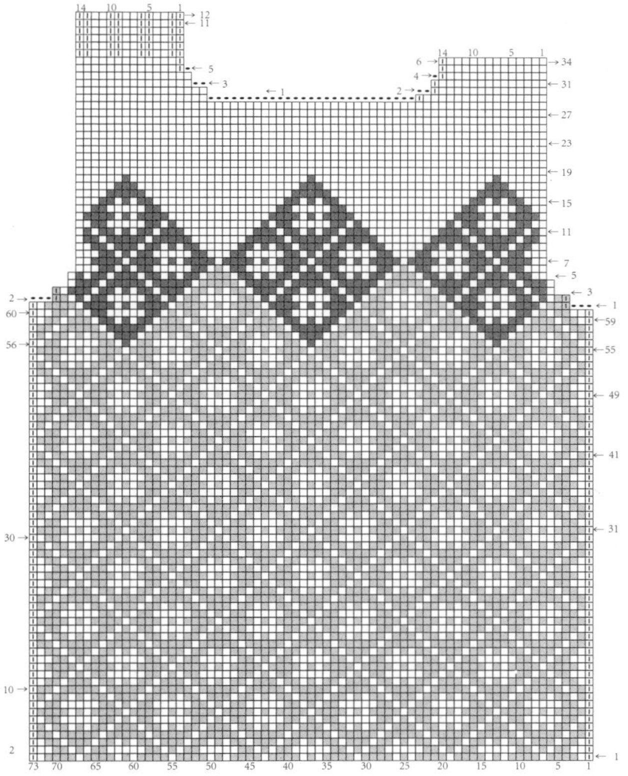

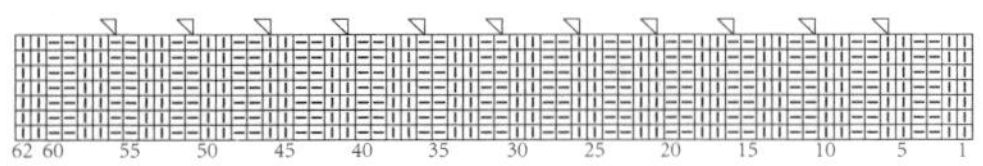

9 秋叶

编织材料・九色鹿100%Merino Wool -1001白色-60g、1101深卡其色-200g

编织工具・3.5mm棒针、3.5mm钩针

成品尺寸・衣长44cm、胸宽32cm、肩宽23cm、袖口12cm

编织密度・25针×34行/10cm×10cm

编织要点・此款毛衣编织的难点是左前和右前身片的缝合。首先分别将左前、右前及后身片编织好并缝合，缝合时注意花样对齐、平整。接着编织左、右袖口，再编织领口。最后将装饰物固定好。

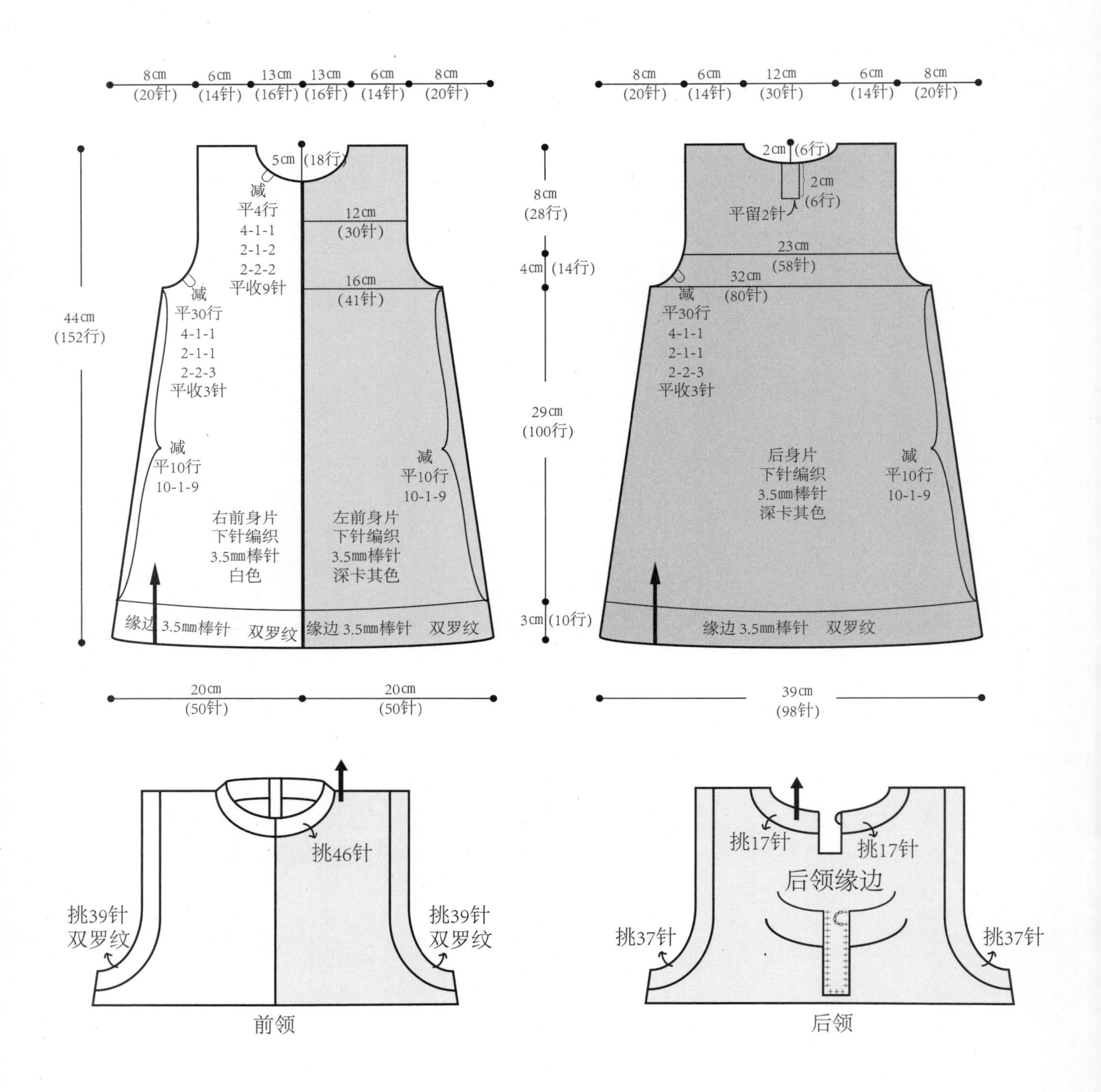

8cm (20针)
6cm (14针)
13cm (16针)
13cm (16针)
6cm (14针)
8cm (20针)
5cm (18行)
减
平4行
4-1-1
2-1-2
2-2-2
平收9针
12cm (30针)
16cm (41针)
44cm (152行)
减
平30行
4-1-1
2-1-1
2-2-3
平收3针
减
平10行
10-1-9
减
平10行
10-1-9
右前身片
下针编织
3.5mm棒针
白色
左前身片
下针编织
3.5mm棒针
深卡其色
缘边 3.5mm棒针 双罗纹
缘边 3.5mm棒针 双罗纹
20cm (50针)
20cm (50针)
8cm (20针)
6cm (14针)
12cm (30针)
6cm (14针)
8cm (20针)
2cm (6行)
2cm (6行)
平留2针
8cm (28行)
23cm (58针)
4cm (14行)
32cm (80针)
减
平30行
4-1-1
2-1-1
2-2-3
平收3针
29cm (100行)
后身片
下针编织
3.5mm棒针
深卡其色
减
平10行
10-1-9
3cm (10行)
缘边 3.5mm棒针 双罗纹
39cm (98针)
挑46针
挑39针
双罗纹
挑39针
双罗纹
前领
挑17针
挑17针
后领缘边
挑37针
挑37针
后领

小叶子

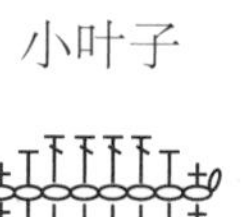

后领

前身片

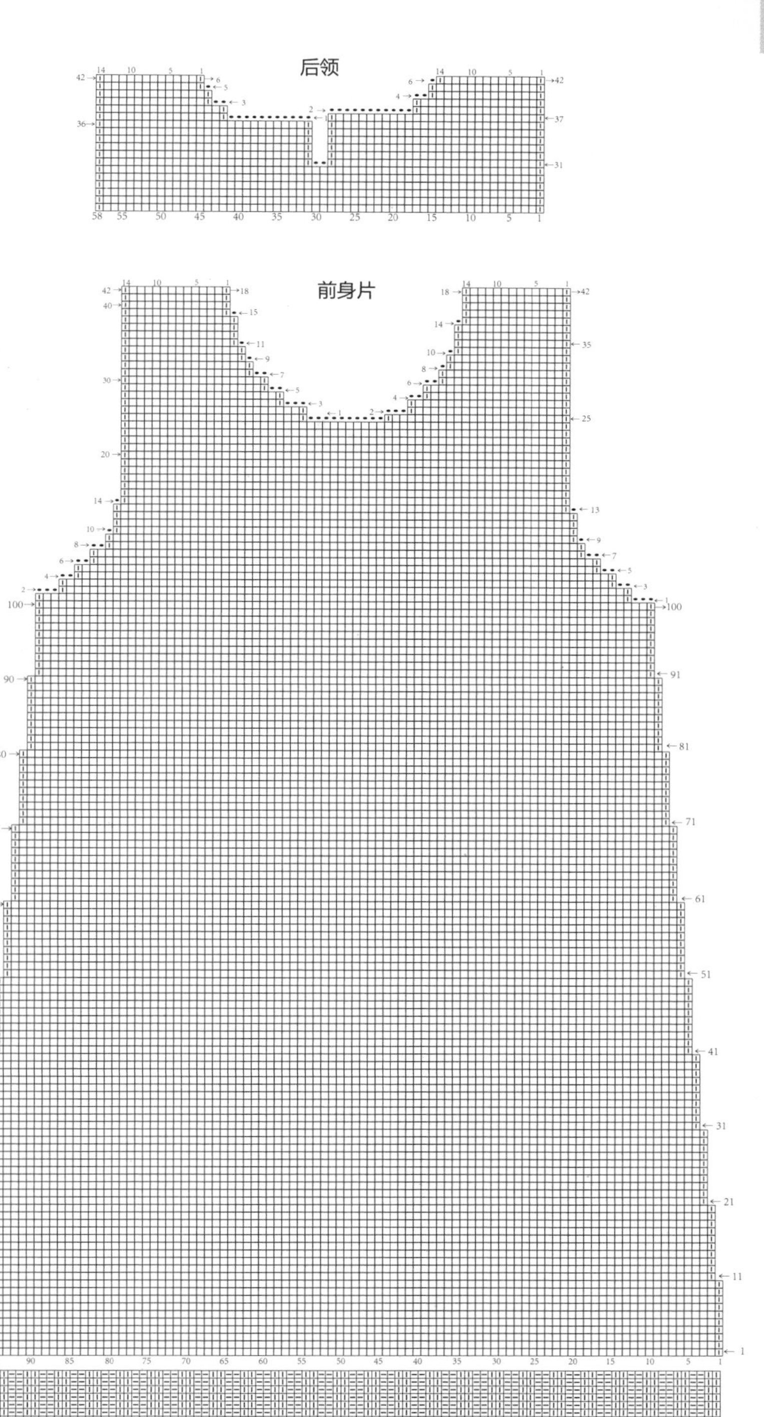

左前身片
(与右前身片相同)

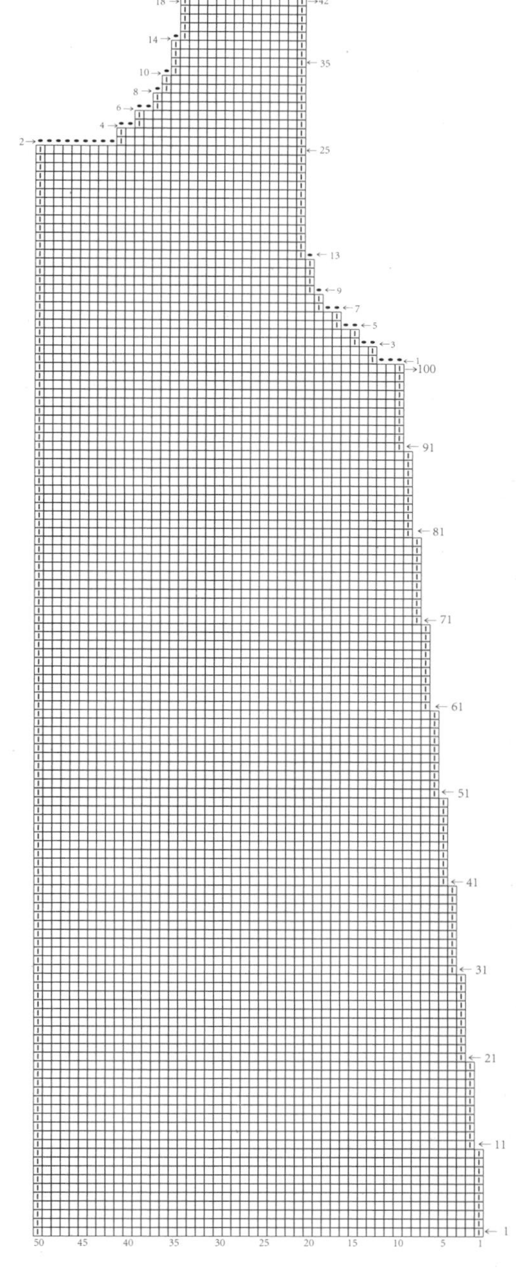

10
小女王

编织材料・九色鹿金色童年-9603灰色-300g、1222红色-50g、1001白色-30g
编织工具・3.5mm钩针
编织要点・主单元花：8cm×8cm/1个花
成品尺寸・衣长48cm、胸宽40cm、肩宽40cm、袖口16cm
编织要点・此款毛衣编织的难点是单元花的连接。首先编织单元花并将其一一连接，然后编织装饰带并将其与肋下位置固定好。

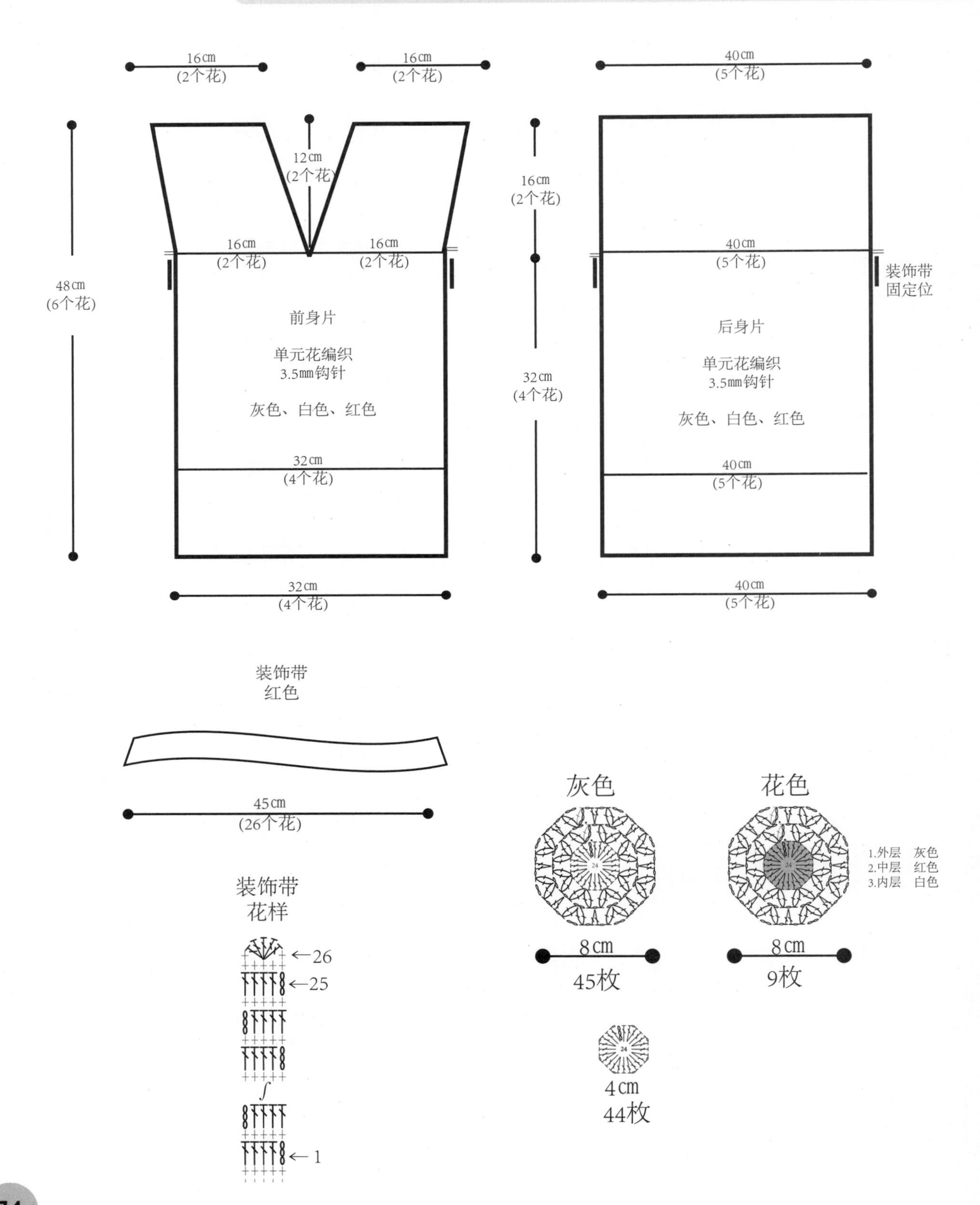
16cm
(2个花)
16cm
(2个花)
12cm
(2个花)
48cm
(6个花)
16cm
(2个花)
16cm
(2个花)
前身片
单元花编织
3.5mm钩针
灰色、白色、红色
32cm
(4个花)
32cm
(4个花)
40cm
(5个花)
16cm
(2个花)
40cm
(5个花)
装饰带
固定位
32cm
(4个花)
后身片
单元花编织
3.5mm钩针
灰色、白色、红色
40cm
(5个花)
40cm
(5个花)
装饰带
红色
45cm
(26个花)
装饰带
花样
←26
←25
←1
灰色
8cm
45枚
花色
1.外层 灰色
2.中层 红色
3.内层 白色
8cm
9枚
4cm
44枚

后

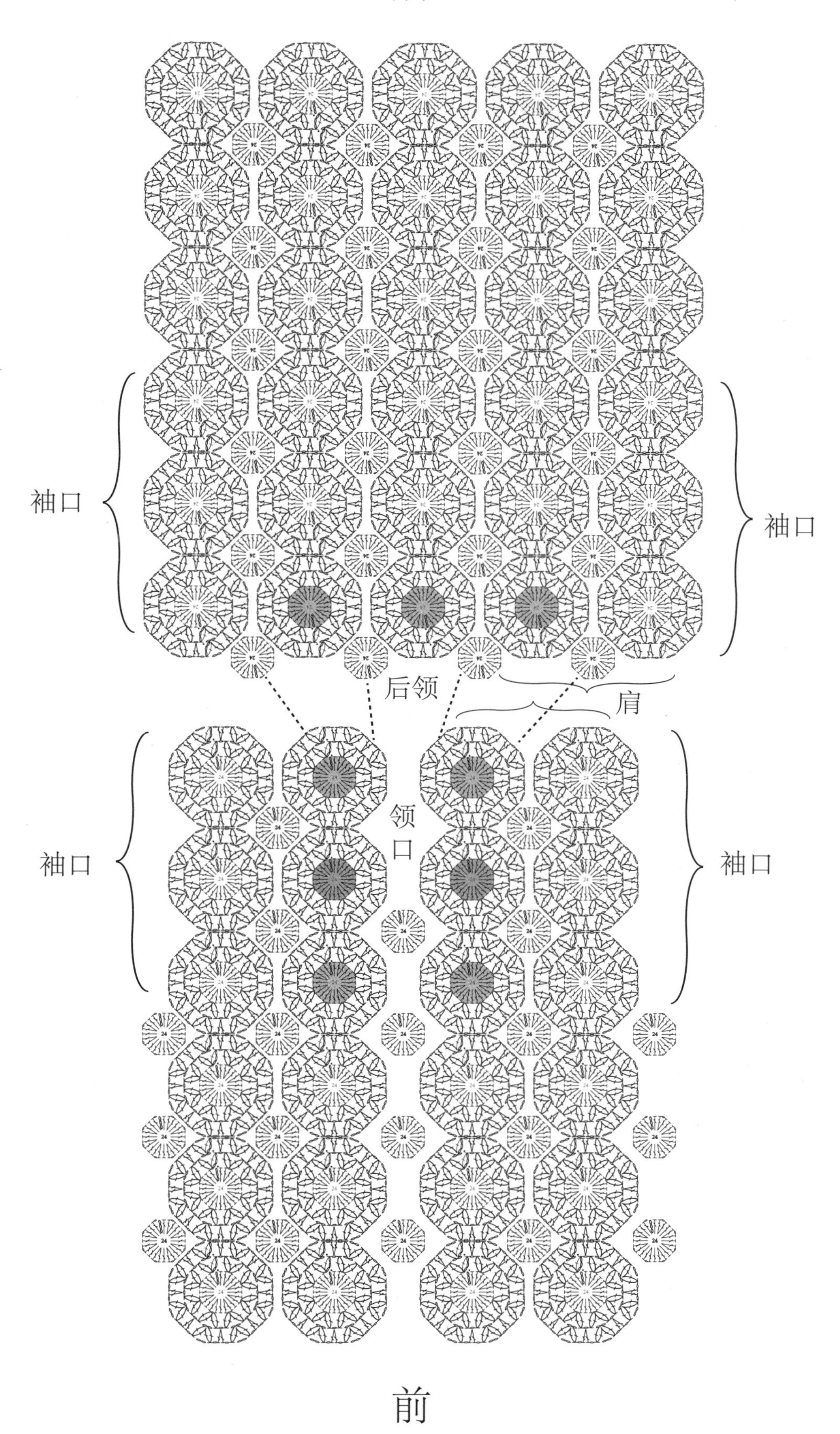
袖口
袖口
后领
肩
领口
袖口
袖口
前

11
冬

编织材料 · 九色鹿珊瑚绒宝宝线-1525棕色-350g、1003浅驼色-20g

编织工具 · 5.5mm棒针、4.0mm钩针

成品尺寸 · 衣长35cm、胸宽31cm、肩宽21cm、袖长28cm

编织密度 · 13针×18行/10cm×10cm

编织要点 · 此款毛衣编织的难点是花样，要注意花样变化的规律。首先分别将左前、右前及后身片编织好并缝合，缝合时注意花样对齐、平整。接着编织左、右袖片并缝合，缝合时注意花样对齐、平整。再编织领片，最后编织衣服的缘边花样。

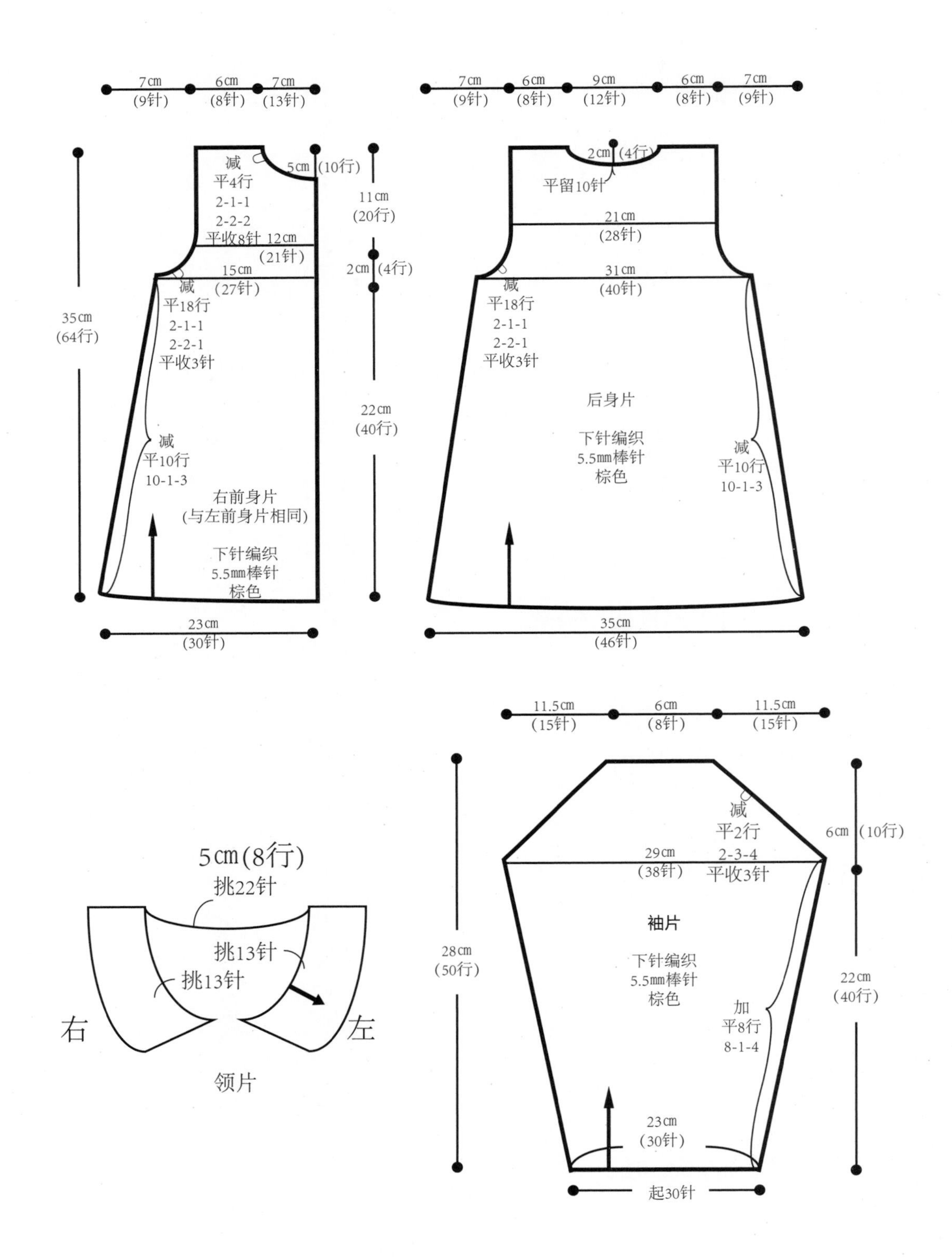
7cm (9针)
6cm (8针)
7cm (13针)
减
平4行
2-1-1
2-2-2
平收8针
5cm (10行)
12cm (21针)
15cm (27针)
11cm (20行)
2cm (4行)
35cm (64行)
减
平18行
2-1-1
2-2-1
平收3针
减
平10行
10-1-3
22cm (40行)
右前身片
(与左前身片相同)
下针编织
5.5mm棒针
棕色
23cm (30针)
7cm (9针)
6cm (8针)
9cm (12针)
6cm (8针)
7cm (9针)
2cm (4行)
平留10针
21cm (28针)
31cm (40针)
减
平18行
2-1-1
2-2-1
平收3针
后身片
下针编织
5.5mm棒针
棕色
减
平10行
10-1-3
35cm (46针)
5cm(8行)
挑22针
挑13针
挑13针
右
左
领片
11.5cm (15针)
6cm (8针)
11.5cm (15针)
减
平2行
2-3-4
平收3针
6cm (10行)
29cm (38针)
袖片
下针编织
5.5mm棒针
棕色
28cm (50行)
22cm (40行)
加
平8行
8-1-4
23cm (30针)
起30针

后身片

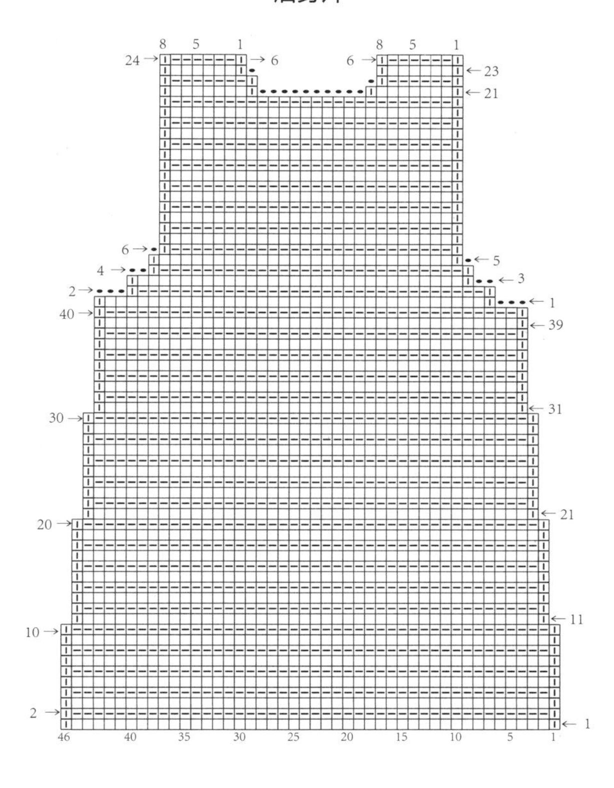

缘边花样

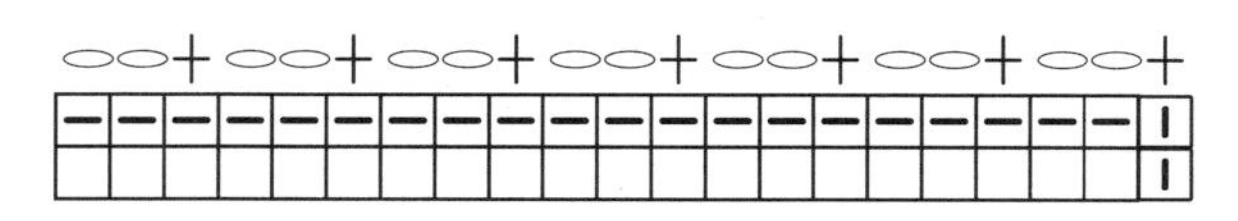

领片加针

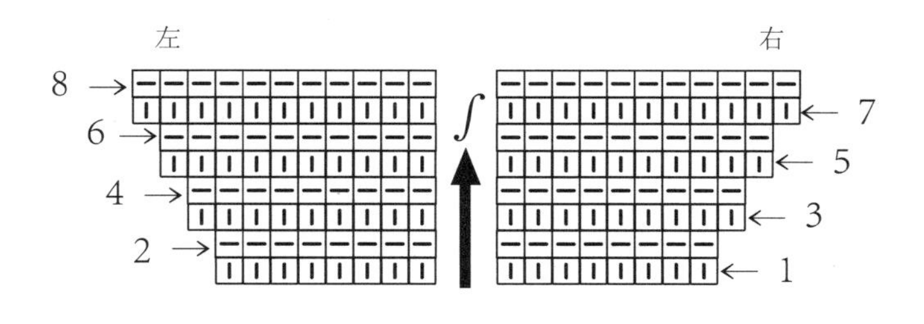
左
右

右前身片

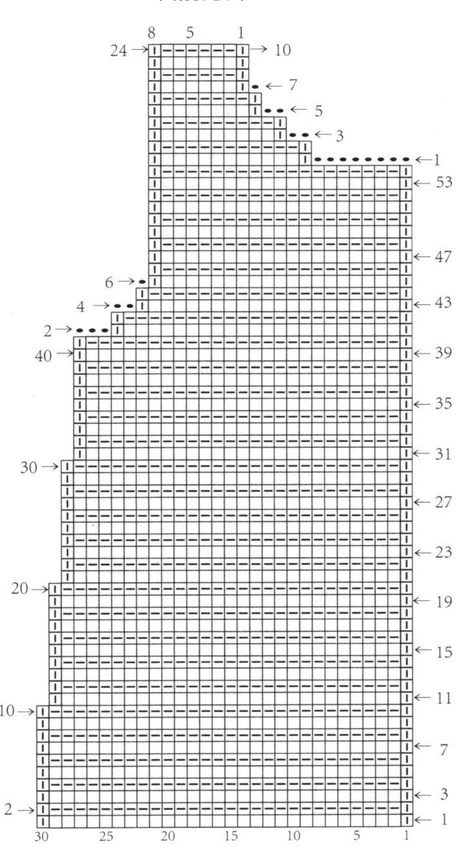

袖片

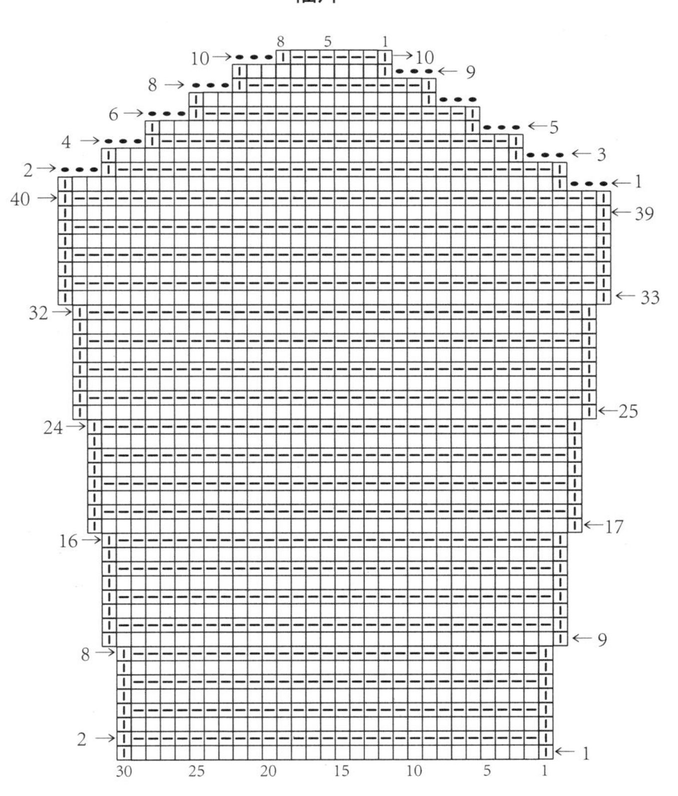

12

油彩

编织材料・九色鹿快乐童年-3104粉玉色-100g（双线）

九色鹿100%Merino Wool-1065蓝黑色（单线）-50g

九色鹿金色童年-1222大红色（单线）-80g

编织工具・3.5mm棒针

成品尺寸・衣长35.5cm、胸宽31cm、袖肩宽37.5cm

编织密度・24针×32行/10cm×10cm

编织要点・此款毛衣编织的难点是领口的挑织。首先分别将前、后身片编织好并缝合，缝合时注意花样对齐、平整。接着编织左、右袖片并缝合，缝合时注意花样对齐、平整。最后编织领口缘边。

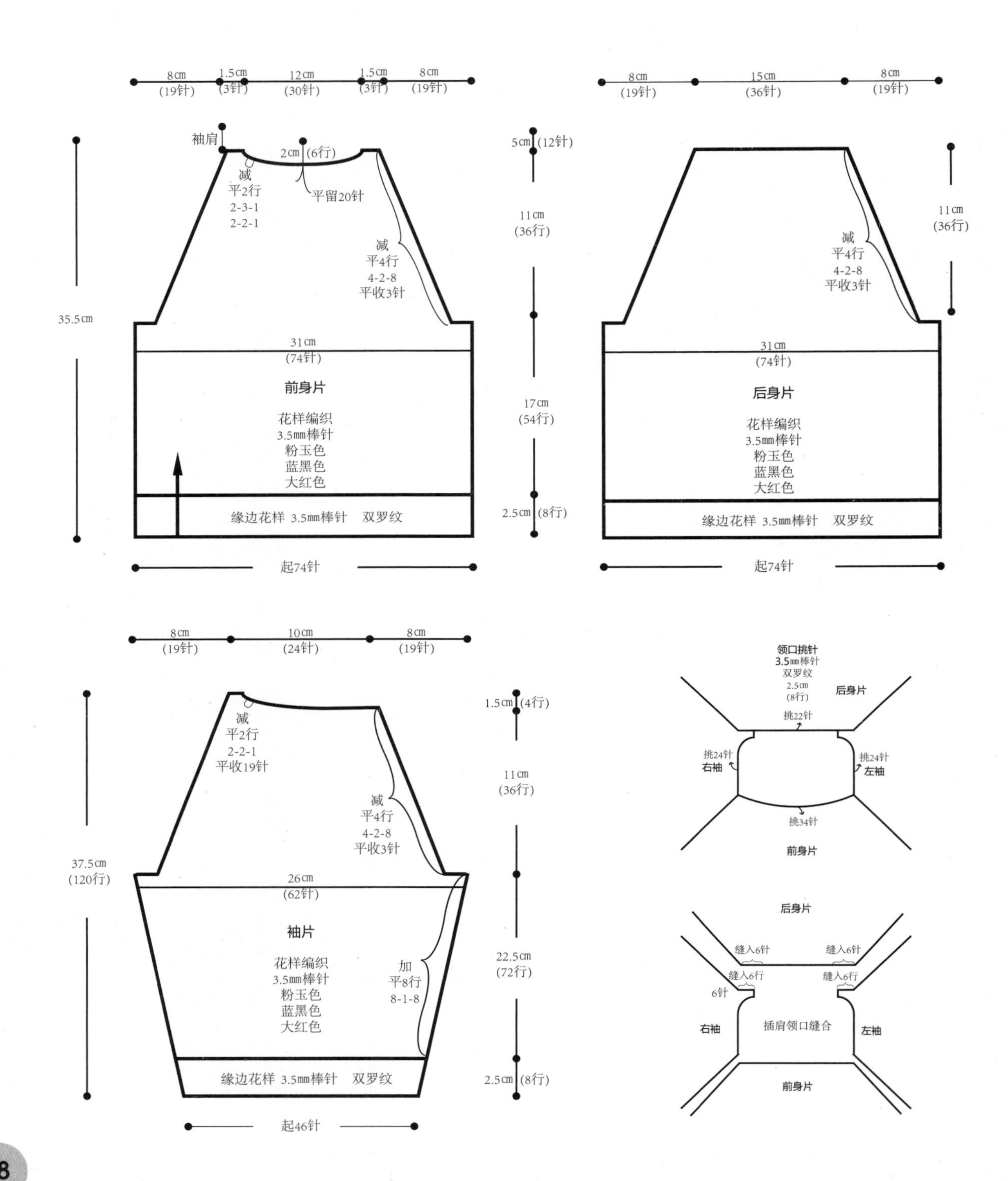

8cm (19针)
1.5cm (3针)
12cm (30针)
1.5cm (3针)
8cm (19针)
袖肩
2cm (6行)
平留20针
减
平2行
2-3-1
2-2-1
减
平4行
4-2-8
平收3针
5cm (12行)
11cm (36行)
35.5cm
31cm (74针)
前身片
花样编织
3.5mm棒针
粉玉色
蓝黑色
大红色
17cm (54行)
缘边花样 3.5mm棒针 双罗纹
2.5cm (8行)
起74针
8cm (19针)
15cm (36针)
8cm (19针)
11cm (36行)
减
平4行
4-2-8
平收3针
31cm (74针)
后身片
花样编织
3.5mm棒针
粉玉色
蓝黑色
大红色
缘边花样 3.5mm棒针 双罗纹
起74针
8cm (19针)
10cm (24针)
8cm (19针)
1.5cm (4行)
减
平2行
2-2-1
平收19针
11cm (36行)
减
平4行
4-2-8
平收3针
37.5cm (120行)
26cm (62针)
袖片
花样编织
3.5mm棒针
粉玉色
蓝黑色
大红色
加
平8行
8-1-8
22.5cm (72行)
缘边花样 3.5mm棒针 双罗纹
2.5cm (8行)
起46针
领口挑针
3.5mm棒针
双罗纹
2.5cm (8行)
后身片
挑22针
挑24针 右袖
挑24针 左袖
挑34针
前身片
后身片
缝入6针
缝入6针
缝入6针
缝入6针
6针
右袖
插肩领口缝合
左袖
前身片

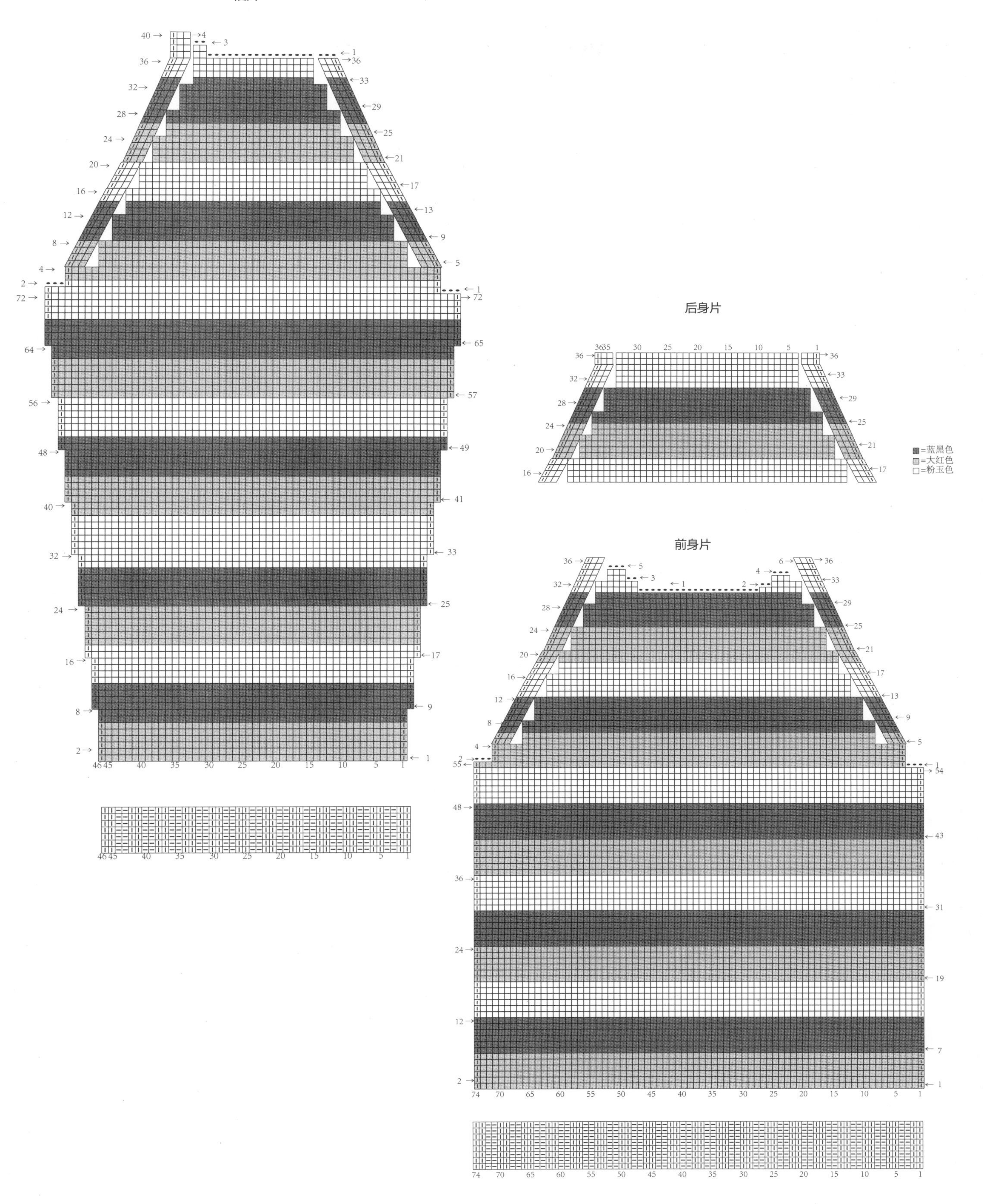

袖片
后身片
前身片
=蓝黑色
=大红色
=粉玉色

13

喜

编织材料・九色鹿100%Merino Wool-1001白色-200g
九色鹿100%Merino Wool-1065蓝黑色-30g
九色鹿金色童年-1222大红色-30g

编织工具・3.5mm棒针

成品尺寸・衣长34cm、胸宽28cm、肩宽21cm、袖长32cm

编织密度・26针×34行/10cm×10cm

编织要点・此款毛衣编织的难点是花样，要注意色线变换的规律及渡线均匀。首先分别将前、后身片编织好并缝合，缝合时注意花样对齐、平整。接着编织左、右袖片并缝合，缝合时注意花样对齐、平坦无皱。最后编织领口缘边。

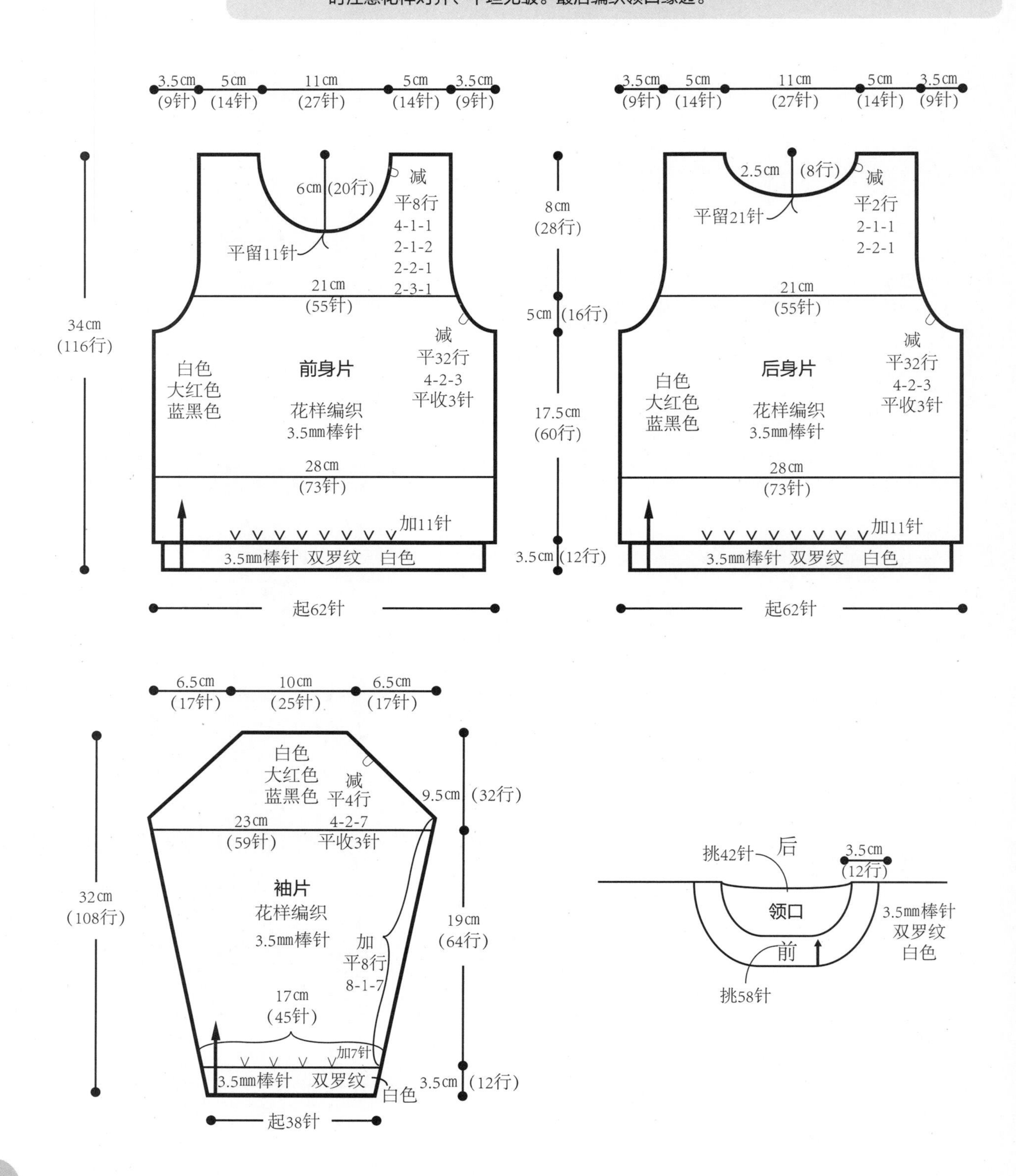

3.5cm (9针) 5cm (14针) 11cm (27针) 5cm (14针) 3.5cm (9针)
6cm (20行)
平留11针
减
平8行
4-1-1
2-1-2
2-2-1
2-3-1
21cm (55针)
34cm (116行)
白色
大红色
蓝黑色
前身片
花样编织
3.5mm棒针
减
平32行
4-2-3
平收3针
28cm (73针)
加11针
3.5mm棒针 双罗纹 白色
起62针
8cm (28行)
5cm (16行)
17.5cm (60行)
3.5cm (12行)
2.5cm (8行)
平留21针
减
平2行
2-1-1
2-2-1
后身片
起62针
6.5cm (17针) 10cm (25针) 6.5cm (17针)
32cm (108行)
减
平4行
4-2-7
平收3针
23cm (59针)
9.5cm (32行)
袖片
花样编织
3.5mm棒针
加
平8行
8-1-7
19cm (64行)
17cm (45针)
加7针
3.5mm棒针 双罗纹
白色
3.5cm (12行)
起38针
挑42针
后
3.5cm (12行)
领口
前
挑58针
3.5mm棒针
双罗纹
白色

后身片

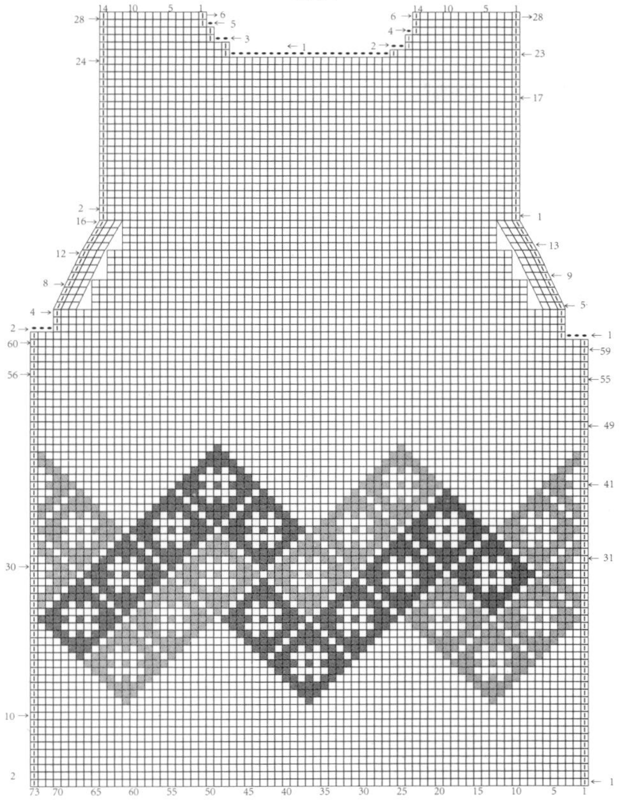

前身片

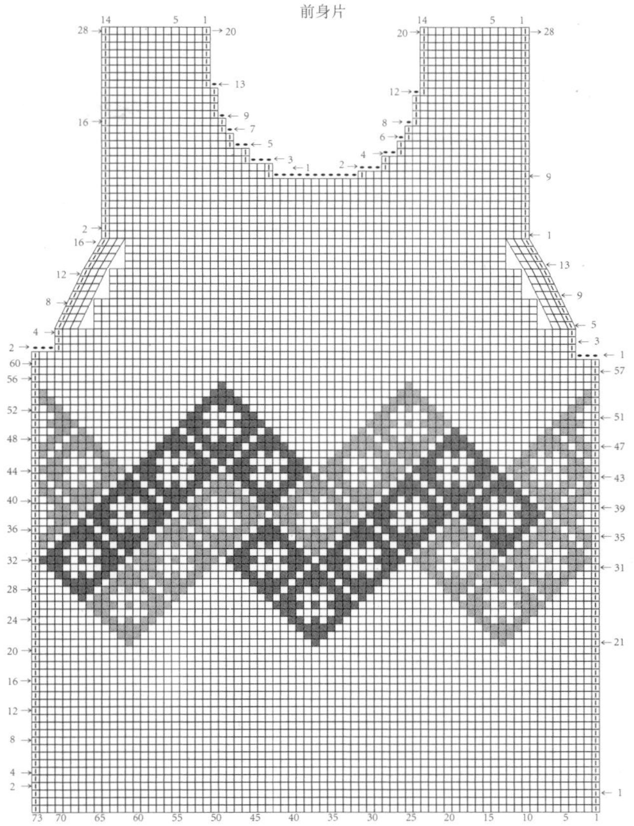

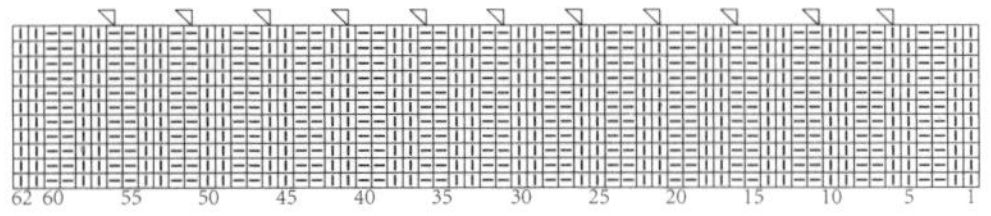

右袖片

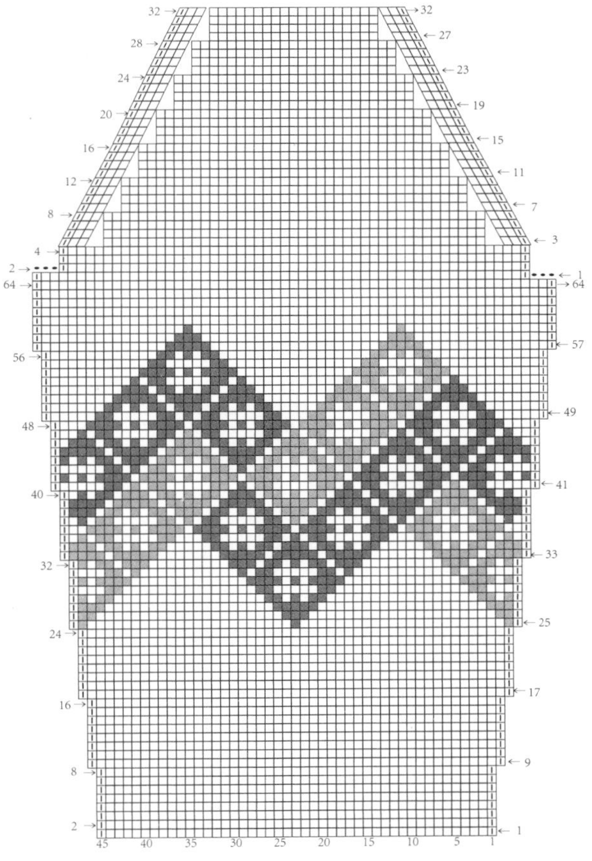

左袖片

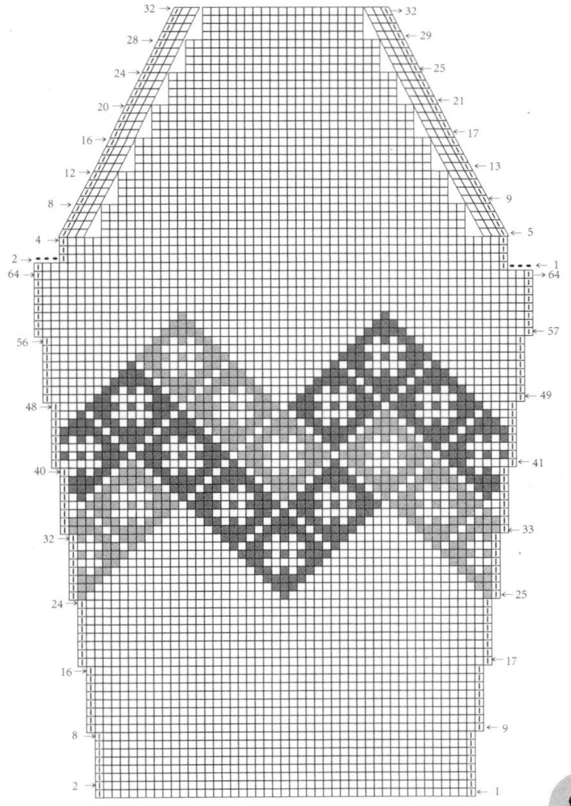

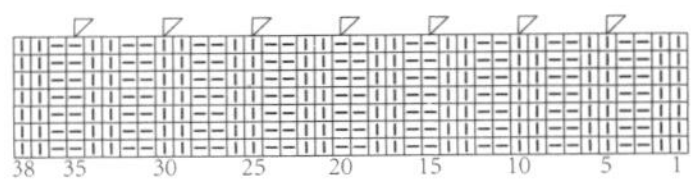

◁ = ⊏⊐

■=大红色
□=白色
■=蓝黑色

14

粉嫩红颜

编织材料・九色鹿金色童年-1206藕色-130g
九色鹿韵皮草-1206粉色-100g
九色鹿快乐童年-3108紫色-100g

编织工具・3.5mm棒针、4.0mm棒针

编织密度・21针×28行/10cm×10cm

毛衣尺寸・衣长34cm、胸宽29cm、肩宽22cm、袖长28cm

编织要点・此款毛衣编织的难点是花样，注意色线互换时手劲的松紧。首先分别将前、后身片编织好并缝合，缝合时注意花样对齐、平整。接着编织左、右袖口缘边，最后编织领口缘边。

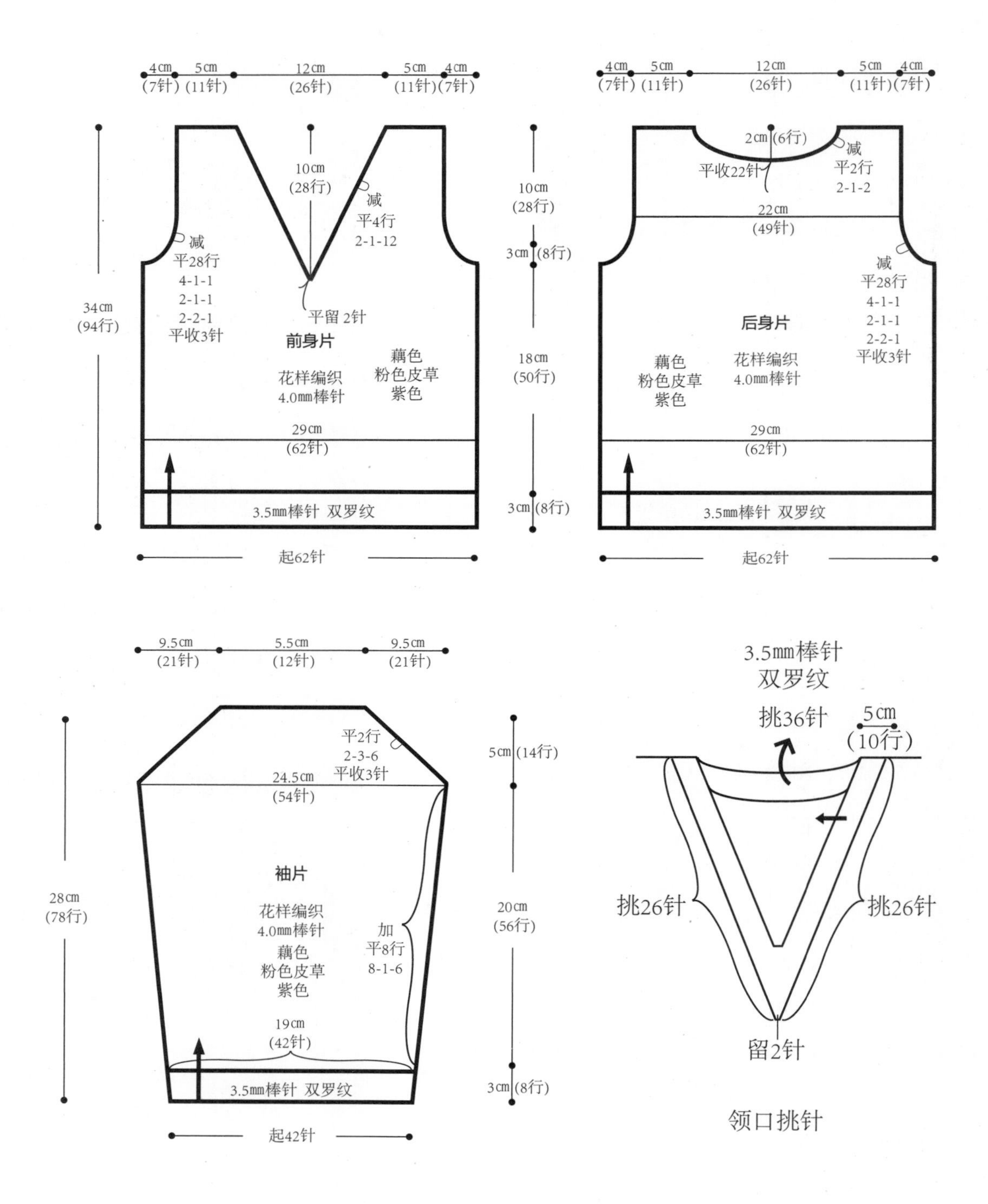

4cm (7针) 5cm (11针) 12cm (26针) 5cm (11针) 4cm (7针)
10cm (28行)
减 平4行 2-1-12
减 平28行 4-1-1 2-1-1 2-2-1 平收3针
平留2针
前身片
花样编织 4.0mm棒针
藕色 粉色皮草 紫色
34cm (94行)
29cm (62针)
3.5mm棒针 双罗纹
起62针
10cm (28行)
3cm (8行)
18cm (50行)
3cm (8行)
2cm (6行)
平收22针
减 平2行 2-1-2
22cm (49针)
后身片
花样编织 4.0mm棒针
起62针
9.5cm (21针) 5.5cm (12针) 9.5cm (21针)
平2行 2-3-6 平收3针
24.5cm (54针)
袖片
加 平8行 8-1-6
19cm (42针)
28cm (78行)
5cm (14行)
20cm (56行)
起42针
3.5mm棒针 双罗纹
挑36针
5cm (10行)
挑26针
挑26针
留2针
领口挑针

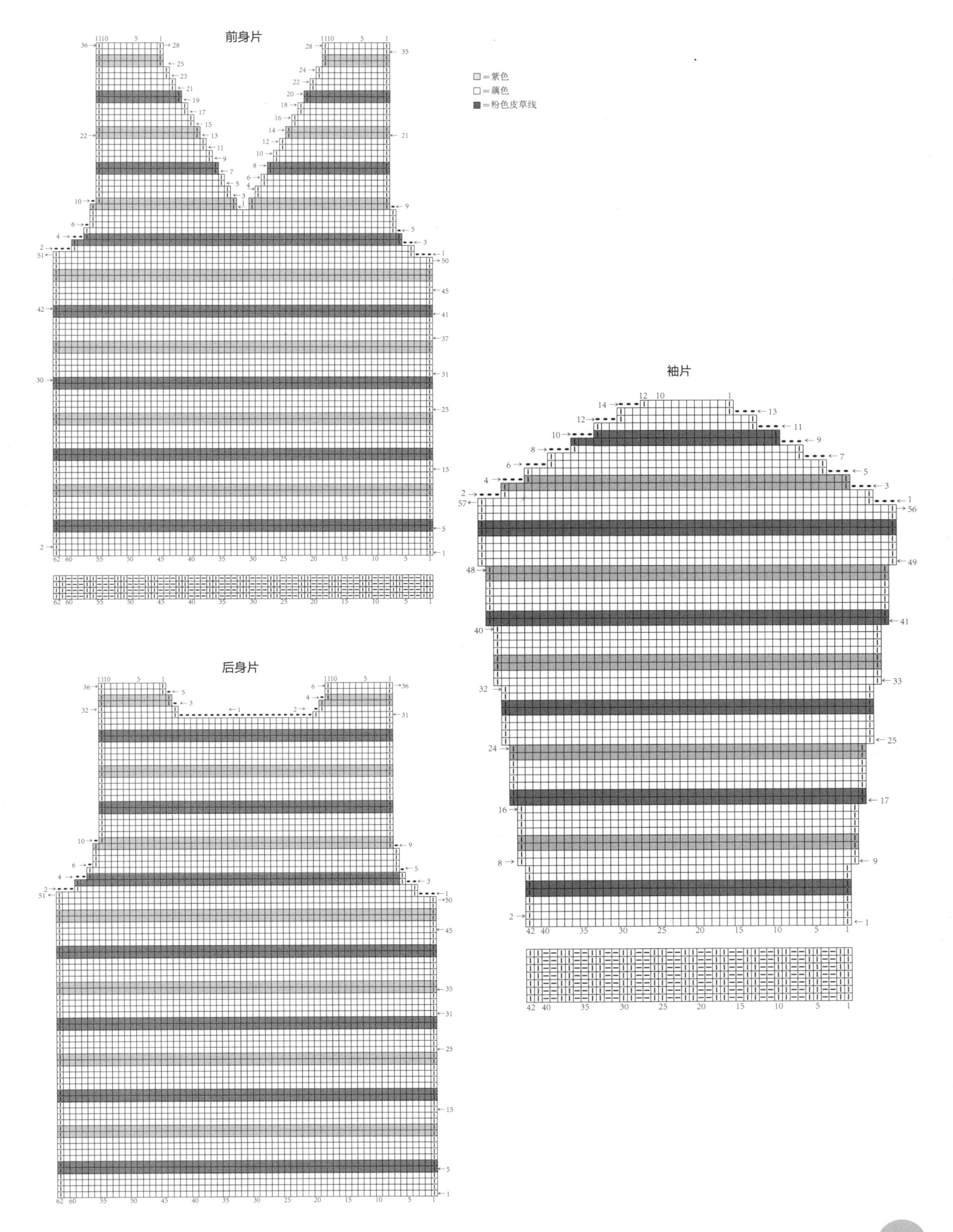
前身片
□＝紫色
□＝藕色
■＝粉色皮草线
袖片
后身片

15

香薰

编织材料·九色鹿100%Merino Wool-1001白色-150g、1052紫色-25g、1010藕色-15g
九色鹿快乐童年-3133黄绿色-25g

编织工具·3.5mm棒针、4.0mm棒针

编织密度·24针×32行/10cm×10cm

毛衣尺寸·衣长32cm、胸宽30cm、肩宽22cm、袖口13cm

编织要点·此款毛衣编织的难点是花样，注意色线互换时手劲的松紧。首先分别将前、后身片编织好并缝合，缝合时注意花样对齐、平整。接着编织左、右袖口缘边，最后编织领口缘边。

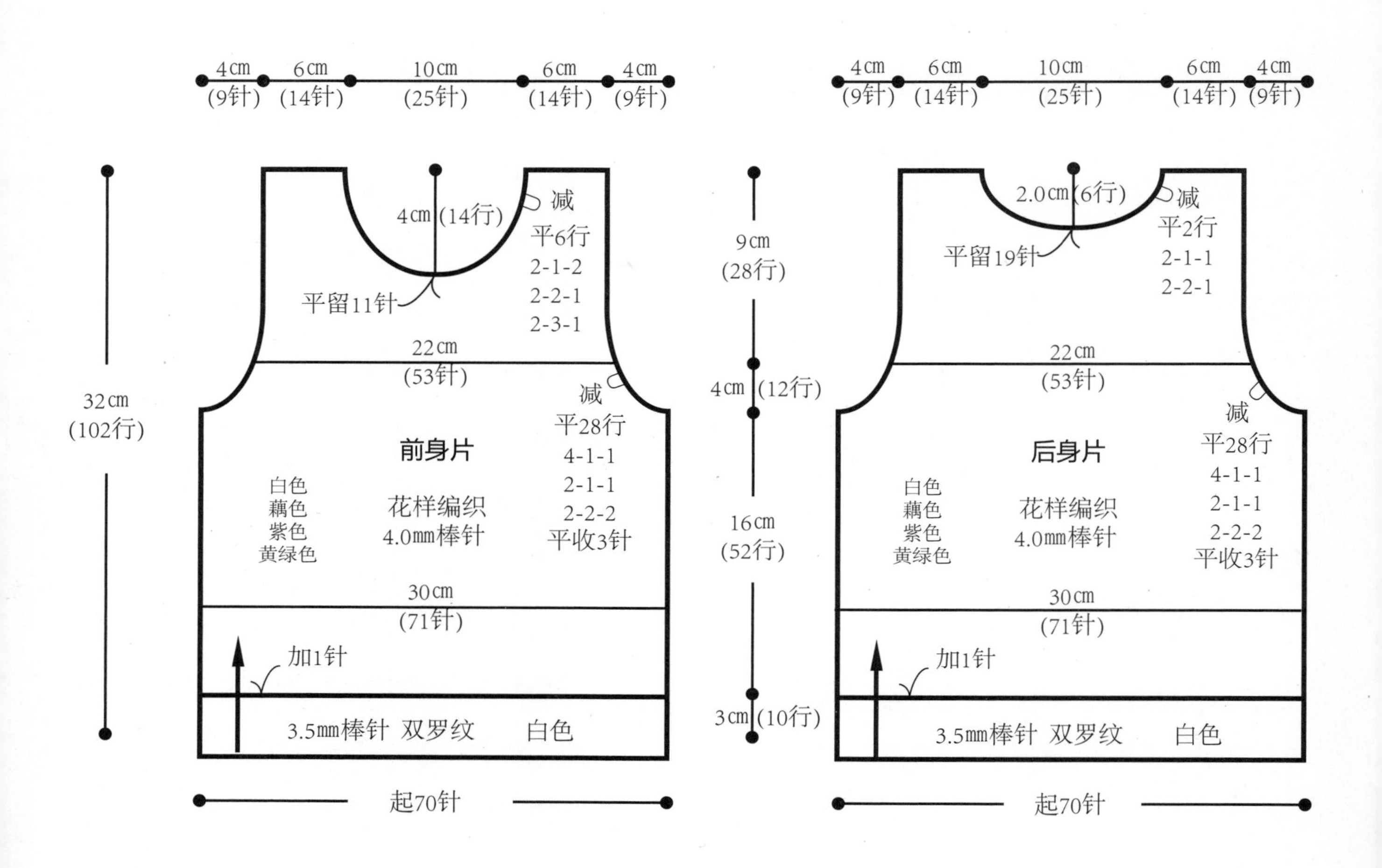

4cm (9针) 6cm (14针) 10cm (25针) 6cm (14针) 4cm (9针)
4cm (9针) 6cm (14针) 10cm (25针) 6cm (14针) 4cm (9针)
32cm (102行)
4cm (14行)
减
平6行
2-1-2
2-2-1
2-3-1
平留11针
22cm (53针)
减
平28行
4-1-1
2-1-1
2-2-2
平收3针
前身片
白色
藕色
紫色
黄绿色
花样编织
4.0mm棒针
30cm (71针)
加1针
3.5mm棒针 双罗纹 白色
起70针
9cm (28行)
4cm (12行)
16cm (52行)
3cm (10行)
2.0cm (6行)
减
平2行
2-1-1
2-2-1
平留19针
22cm (53针)
减
平28行
4-1-1
2-1-1
2-2-2
平收3针
后身片
白色
藕色
紫色
黄绿色
花样编织
4.0mm棒针
30cm (71针)
加1针
3.5mm棒针 双罗纹 白色
起70针

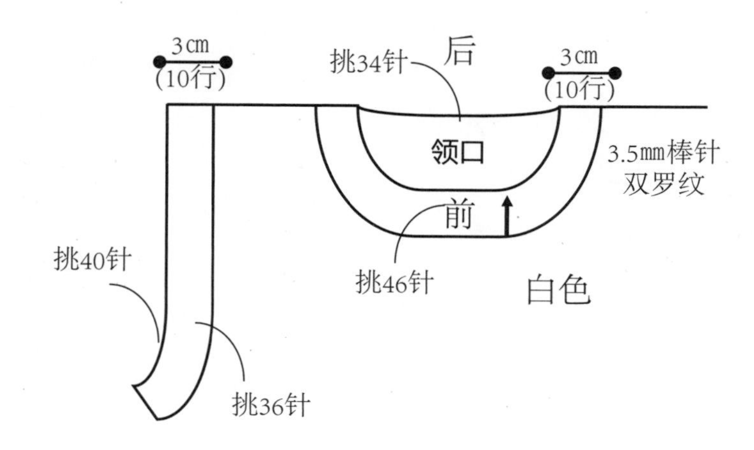

3cm (10行)
挑34针
后
3cm (10行)
领口
3.5mm棒针
双罗纹
前
挑46针
白色
挑40针
挑36针

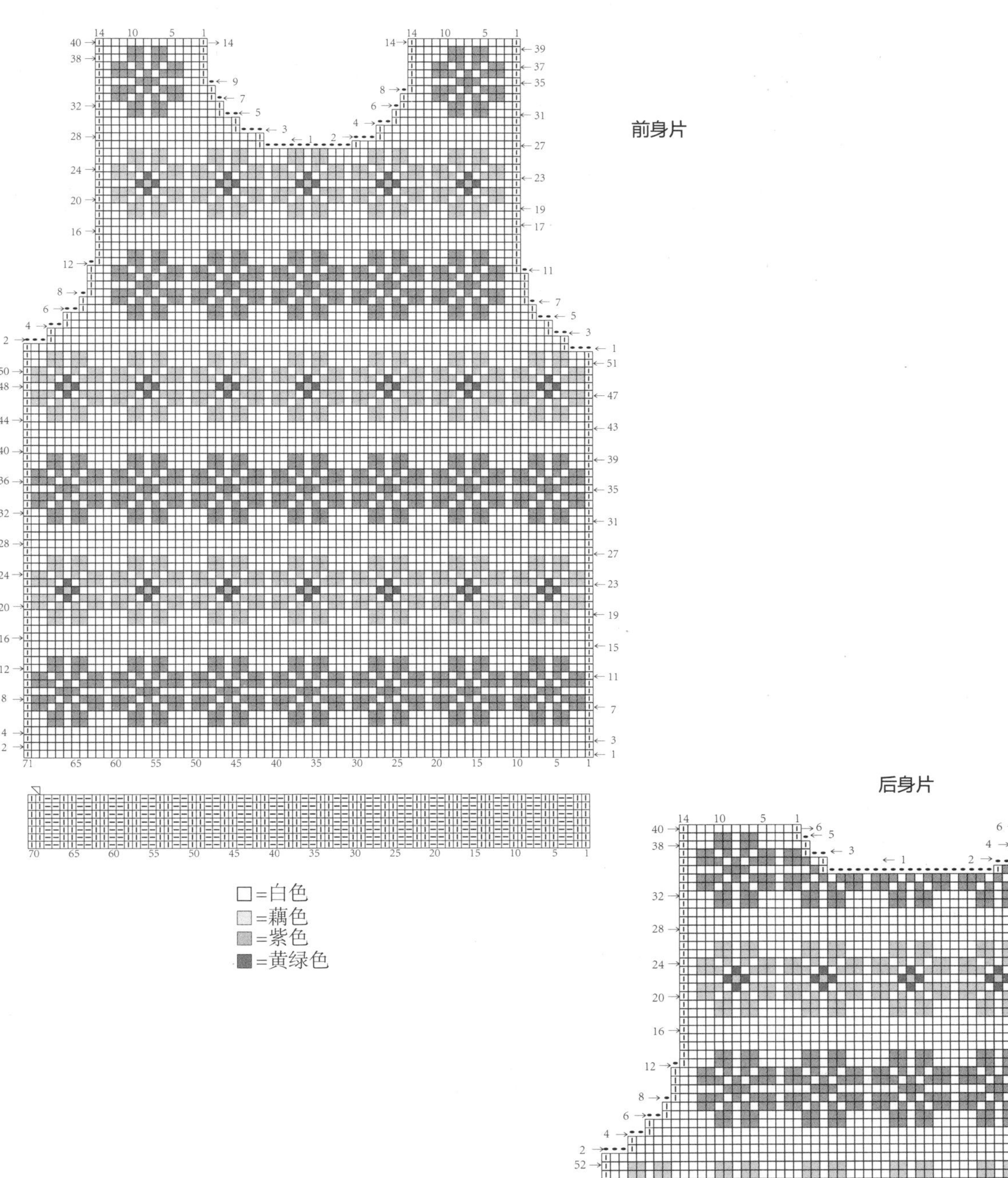
前身片
后身片
□=白色
□=藕色
□=紫色
■=黄绿色

16

海与岸

编织材料·九色鹿金色童年1001白色-180g、1316蓝色-150g
编织工具·3.5mm棒针
成品尺寸·衣长34cm、胸宽32cm、袖长38cm
编织密度·23针×30行/10cm×10cm
编织要点·此款毛衣编织的难点是花样，要注意色线变换的规律。首先分别将前、后身片编织好并缝合，缝合时注意花样对齐、平整。接着编织左、右袖片并缝合，缝合时注意花样对齐、平整。最后编织领口缘边。

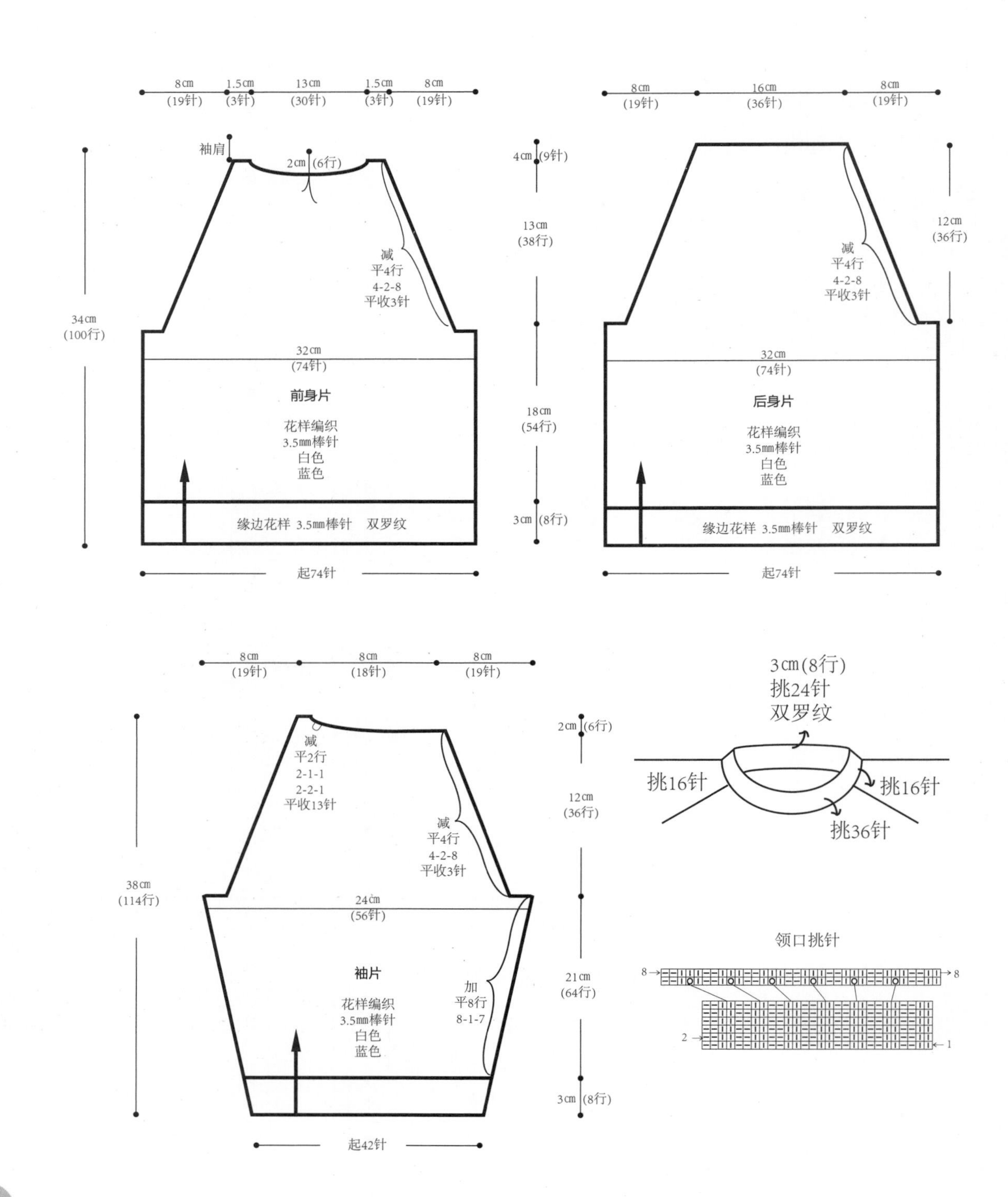

8cm (19针) 1.5cm (3针) 13cm (30针) 1.5cm (3针) 8cm (19针)
袖肩
2cm (6行)
4cm (9针)
13cm (38行)
减 平4行 4-2-8 平收3针
34cm (100行)
32cm (74针)
前身片
花样编织 3.5mm棒针 白色 蓝色
18cm (54行)
3cm (8行)
缘边花样 3.5mm棒针 双罗纹
起74针
8cm (19针) 16cm (36针) 8cm (19针)
12cm (36行)
减 平4行 4-2-8 平收3针
32cm (74针)
后身片
花样编织 3.5mm棒针 白色 蓝色
缘边花样 3.5mm棒针 双罗纹
起74针
8cm (19针) 8cm (18针) 8cm (19针)
2cm (6行)
减 平2行 2-1-1 2-2-1 平收13针
12cm (36行)
减 平4行 4-2-8 平收3针
38cm (114行)
24cm (56针)
袖片
花样编织 3.5mm棒针 白色 蓝色
加 平8行 8-1-7
21cm (64行)
3cm (8行)
起42针
3cm(8行) 挑24针 双罗纹
挑16针
挑16针
挑36针
领口挑针

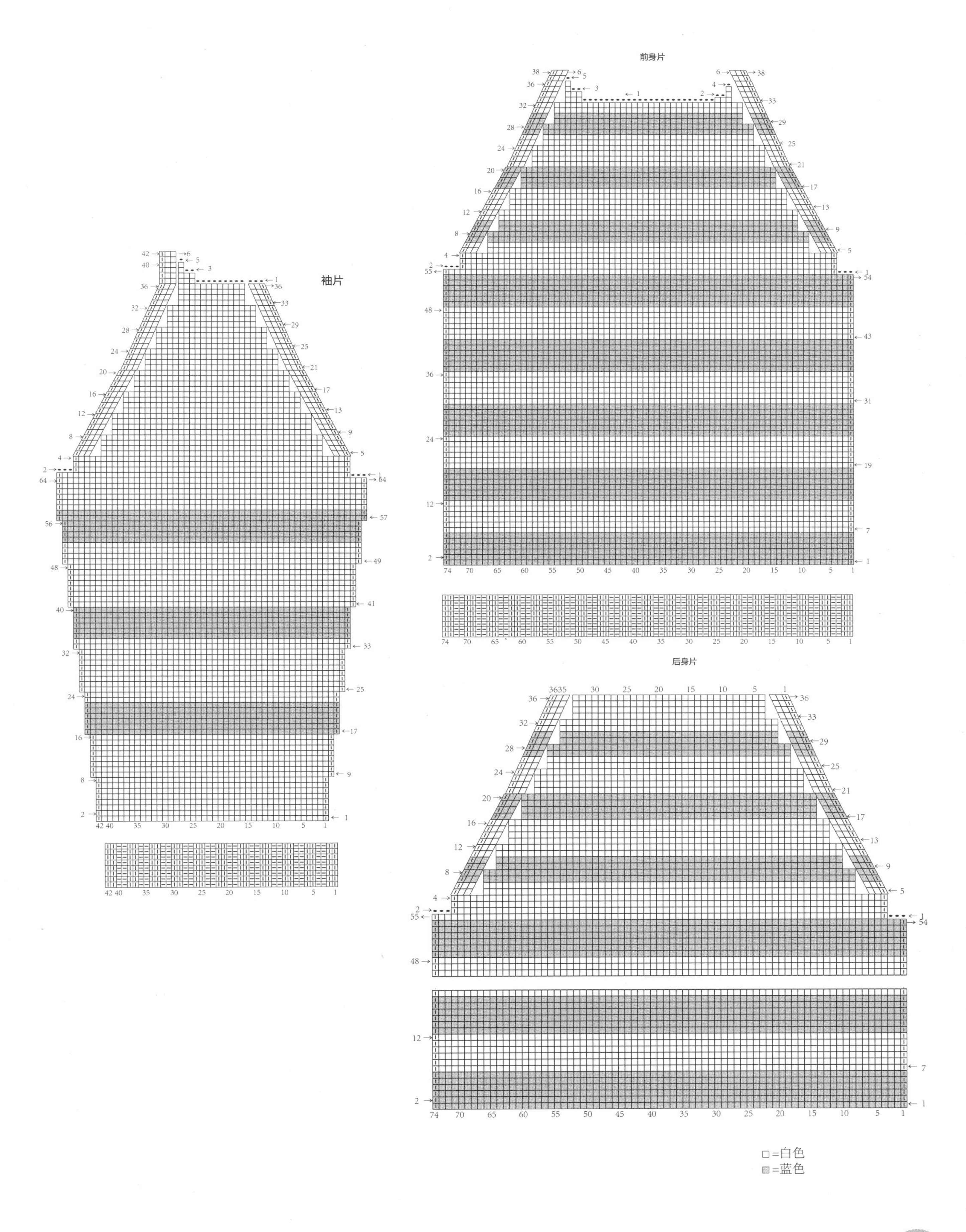
前身片
袖片
后身片
□=白色
▨=蓝色

17

草原

编织材料・九色鹿快乐童年-3133黄绿色-200g
九色鹿韵皮草-1405绿色-10g

编织工具・4.0mm棒针

编织密度・22针×29行/10cm×10cm

毛衣尺寸・衣长31.5cm、胸宽28cm、肩宽20cm、袖长20cm

编织要点・此款毛衣编织的难点是花样，注意色线互换时手劲的松紧。首先分别将前、后身片编织好并缝合，缝合时注意花样对齐、平整。接着编织左、右袖口缘边，再编织领口缘边。

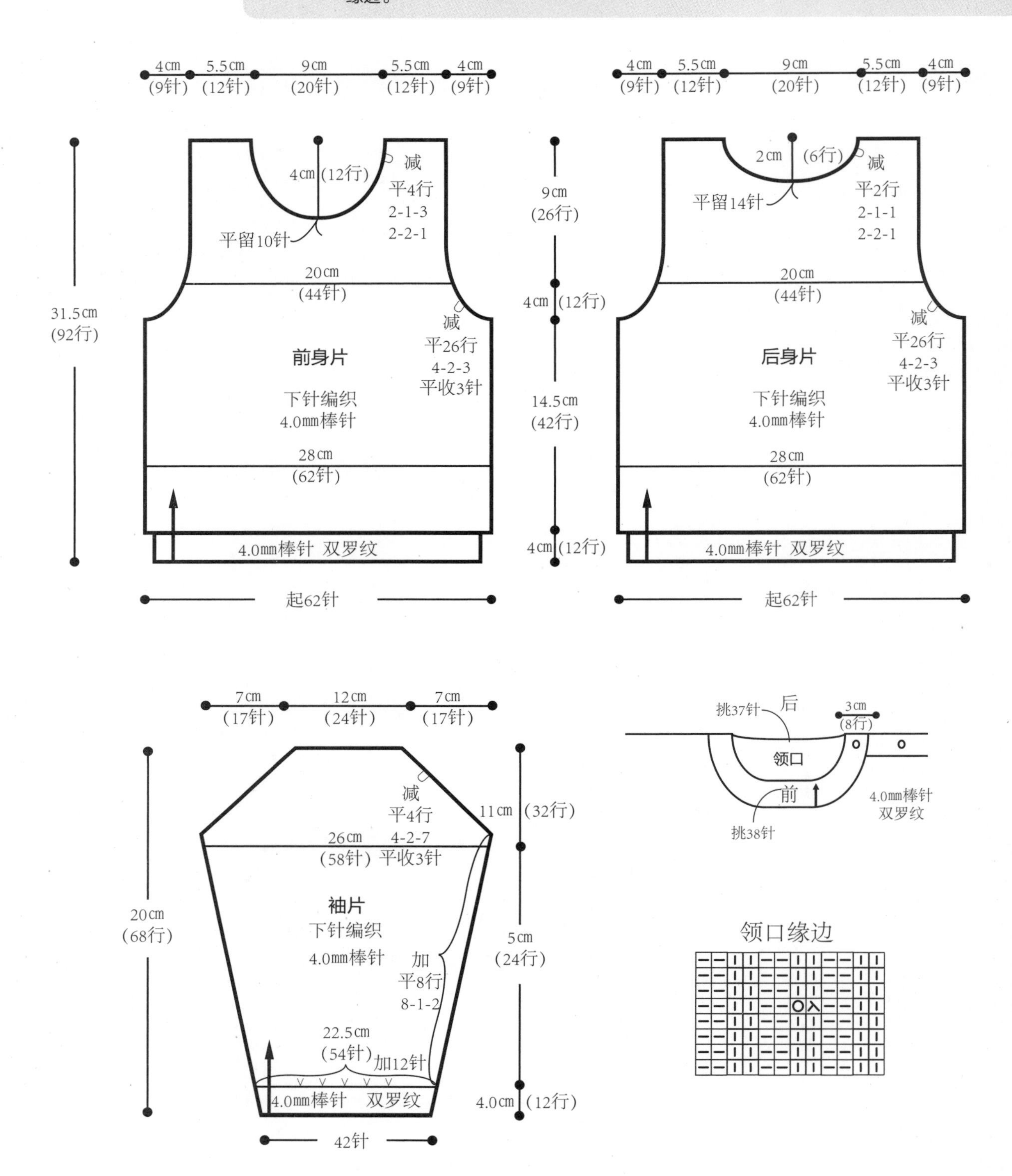

4cm (9针)
5.5cm (12针)
9cm (20针)
5.5cm (12针)
4cm (9针)
4cm (12行)
减
平4行
2-1-3
2-2-1
平留10针
20cm (44针)
31.5cm (92行)
减
平26行
4-2-3
平收3针
前身片
下针编织
4.0mm棒针
28cm (62针)
4.0mm棒针 双罗纹
起62针
9cm (26行)
4cm (12行)
14.5cm (42行)
4cm (12行)
2cm (6行)
减
平2行
2-1-1
2-2-1
平留14针
20cm (44针)
减
平26行
4-2-3
平收3针
后身片
下针编织
4.0mm棒针
28cm (62针)
4.0mm棒针 双罗纹
起62针
7cm (17针)
12cm (24针)
7cm (17针)
20cm (68行)
减
平4行
4-2-7
平收3针
26cm (58针)
11cm (32行)
袖片
下针编织
4.0mm棒针
加
平8行
8-1-2
5cm (24行)
22.5cm (54针)
加12针
4.0mm棒针 双罗纹
4.0cm (12行)
42针
挑37针
后
3cm (8行)
领口
前
挑38针
4.0mm棒针
双罗纹
领口缘边

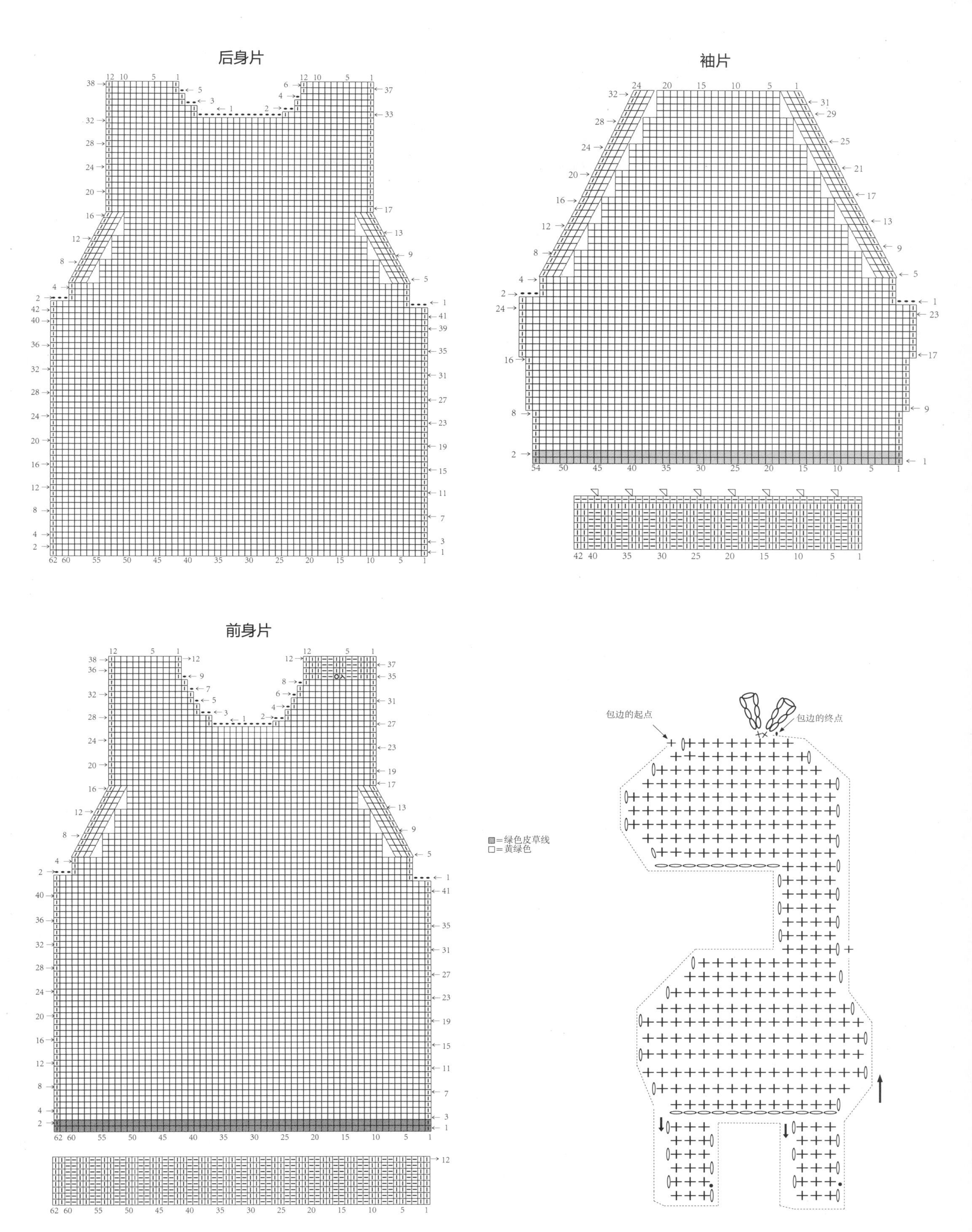
后身片 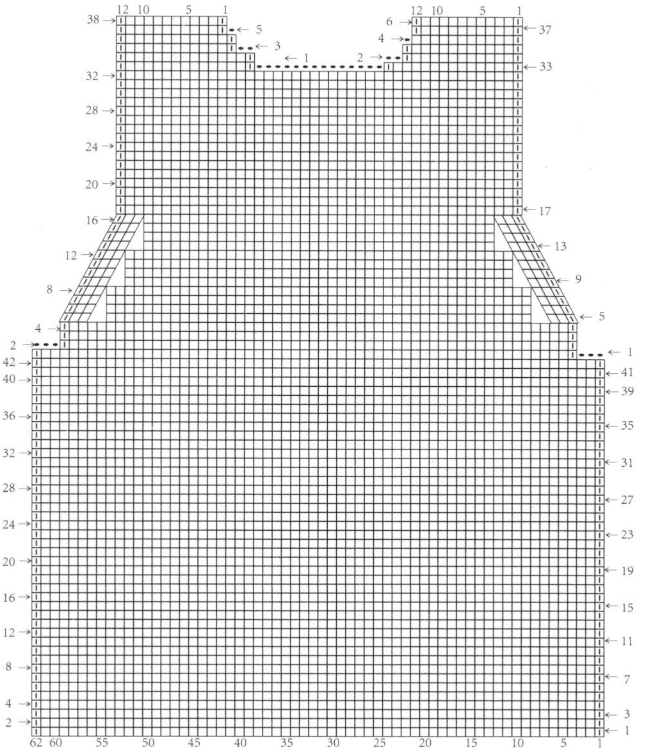
袖片
前身片 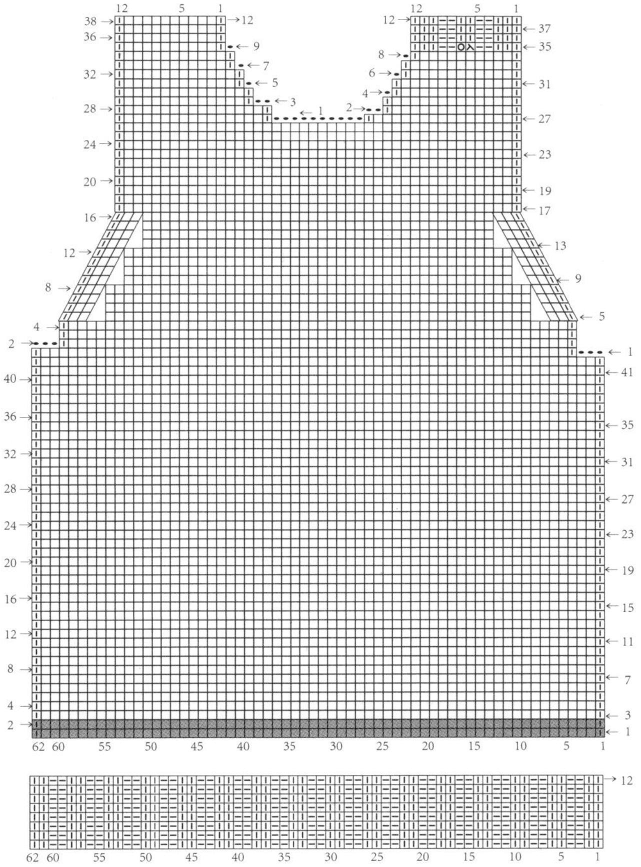
■=绿色皮草线
□=黄绿色
包边的起点
包边的终点

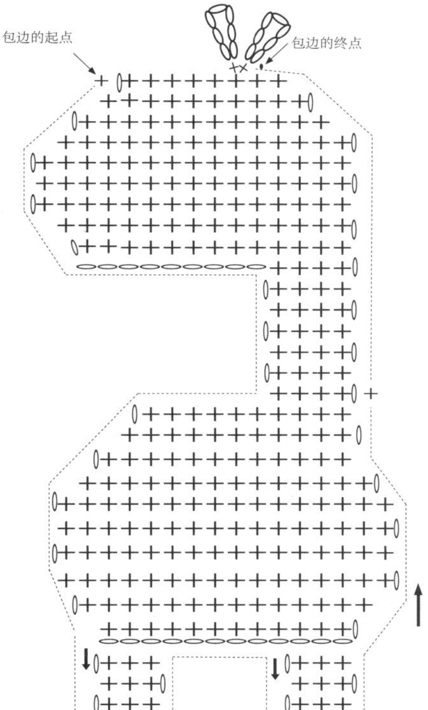

18

星语心愿

编织材料·九色鹿快乐童年-2103粉玉色（双线）-230g
九色鹿100%Merino Wool-1065蓝黑色-16g
九色鹿金色童年-1222大红色-30g

编织工具·3.5mm棒针

成品尺寸·衣长34.5cm、胸宽31cm、肩宽23cm、袖长34cm

编织密度·24针×32行/10cm×10cm

编织要点·此款毛衣编织的难点是图案，要注意色线变换的规律。首先分别将前、后身片编织好并缝合，缝合时注意花样对齐、平整。接着编织左、右袖片并缝合，缝合时注意花样对齐、平整。最后编织领口缘边。

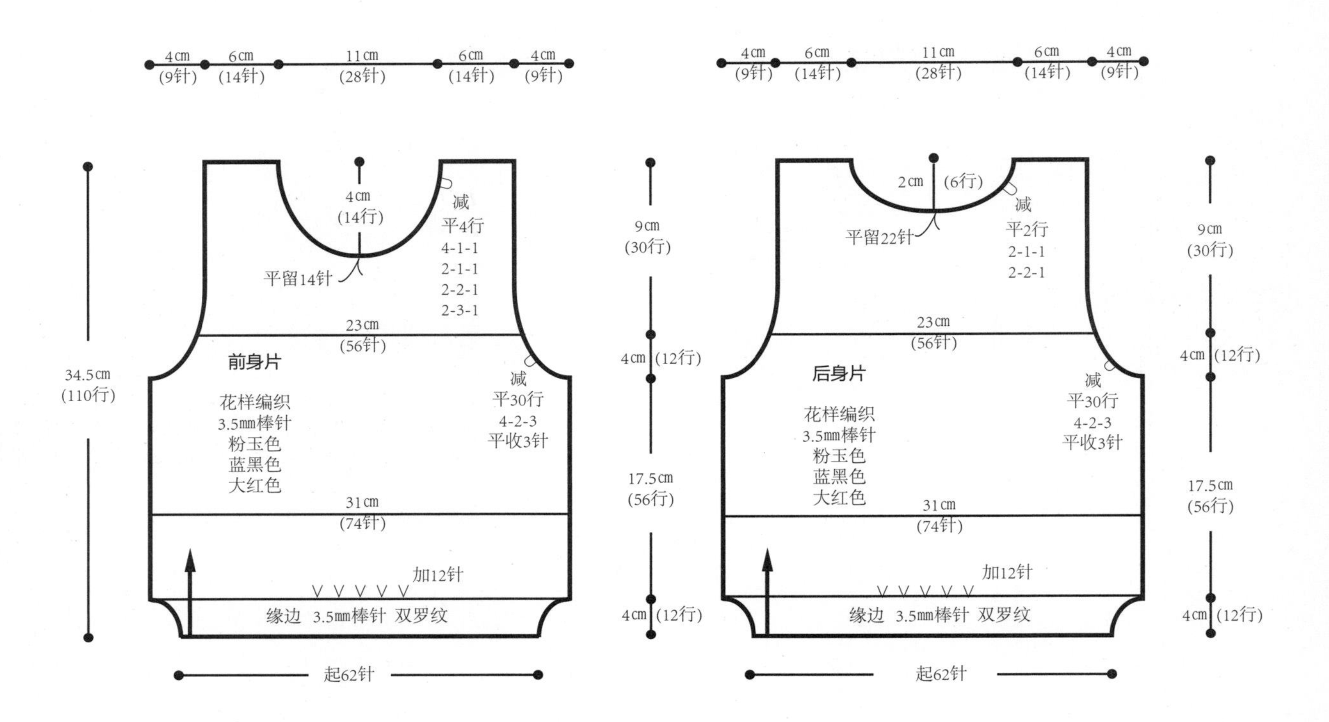

4cm (9针) 6cm (14针) 11cm (28针) 6cm (14针) 4cm (9针)
4cm (14行)
平留14针
减
平4行
4-1-1
2-1-1
2-2-1
2-3-1
23cm (56针)
前身片
花样编织
3.5mm棒针
粉玉色
蓝黑色
大红色
减
平30行
4-2-3
平收3针
34.5cm (110行)
31cm (74针)
加12针
缘边 3.5mm棒针 双罗纹
起62针
9cm (30行)
4cm (12行)
17.5cm (56行)
4cm (12行)
2cm (6行)
平留22针
减
平2行
2-1-1
2-2-1
后身片
花样编织
3.5mm棒针
粉玉色
蓝黑色
大红色

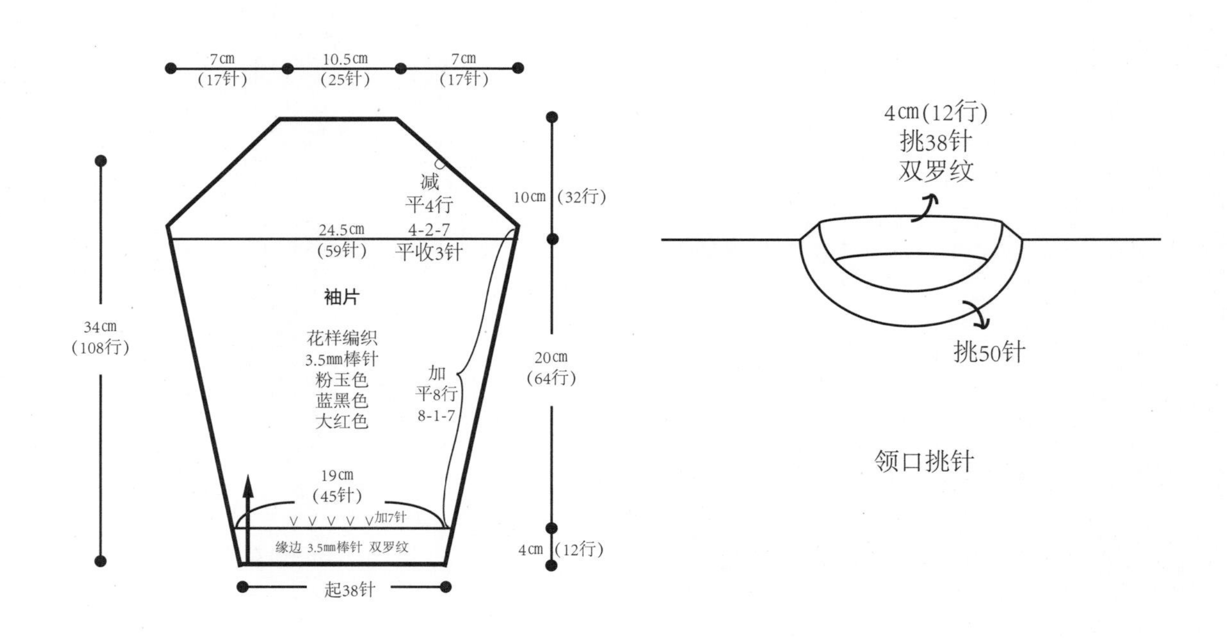

7cm (17针) 10.5cm (25针) 7cm (17针)
减
平4行
4-2-7
平收3针
24.5cm (59针)
10cm (32行)
34cm (108行)
袖片
花样编织
3.5mm棒针
粉玉色
蓝黑色
大红色
加
平8行
8-1-7
20cm (64行)
19cm (45针)
加7针
缘边 3.5mm棒针 双罗纹
4cm (12行)
起38针
4cm(12行)
挑38针
双罗纹
挑50针
领口挑针

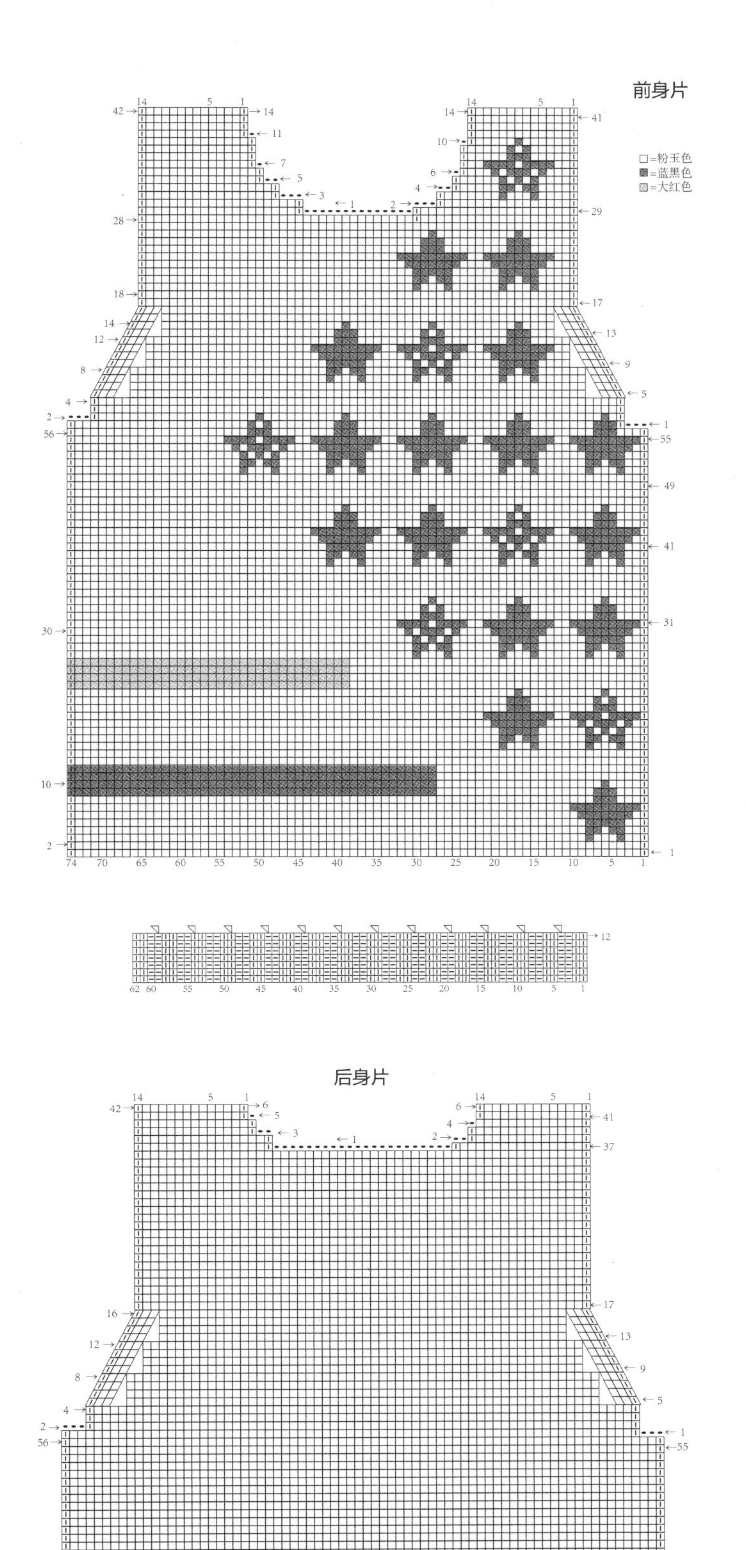

前身片
□=粉玉色
■=蓝黑色
■=大红色
后身片

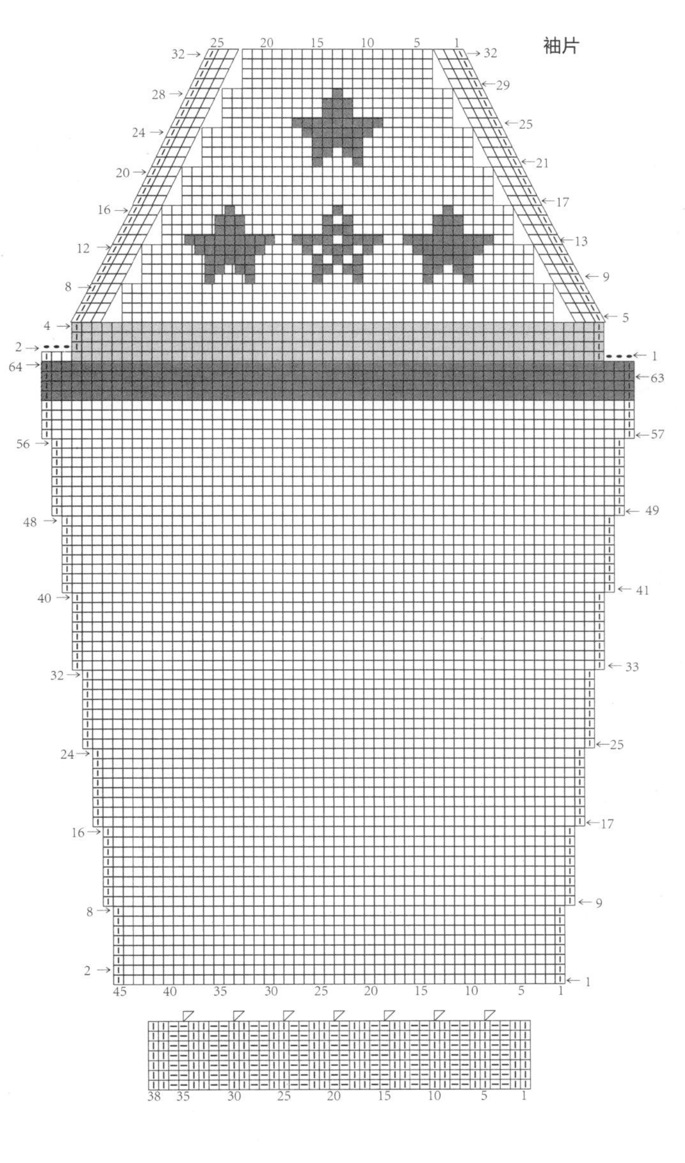

袖片

19

花火

编织材料・九色鹿100%Merino Wool-1010藕色-110g、1097深棕色-140g
编织工具・3.5mm棒针、4.0mm棒针
编织密度・24针×28行/10cm×10cm
毛衣尺寸・衣长33.5cm、胸宽30cm、肩宽23cm、袖长32cm
编织要点・此款毛衣编织的难点是花样，注意色线互换时手劲的松紧。首先分别将前、后身片编织好并缝合，缝合时注意花样对齐、平整。接着编织左、右袖口缘边，最后编织领口缘边。

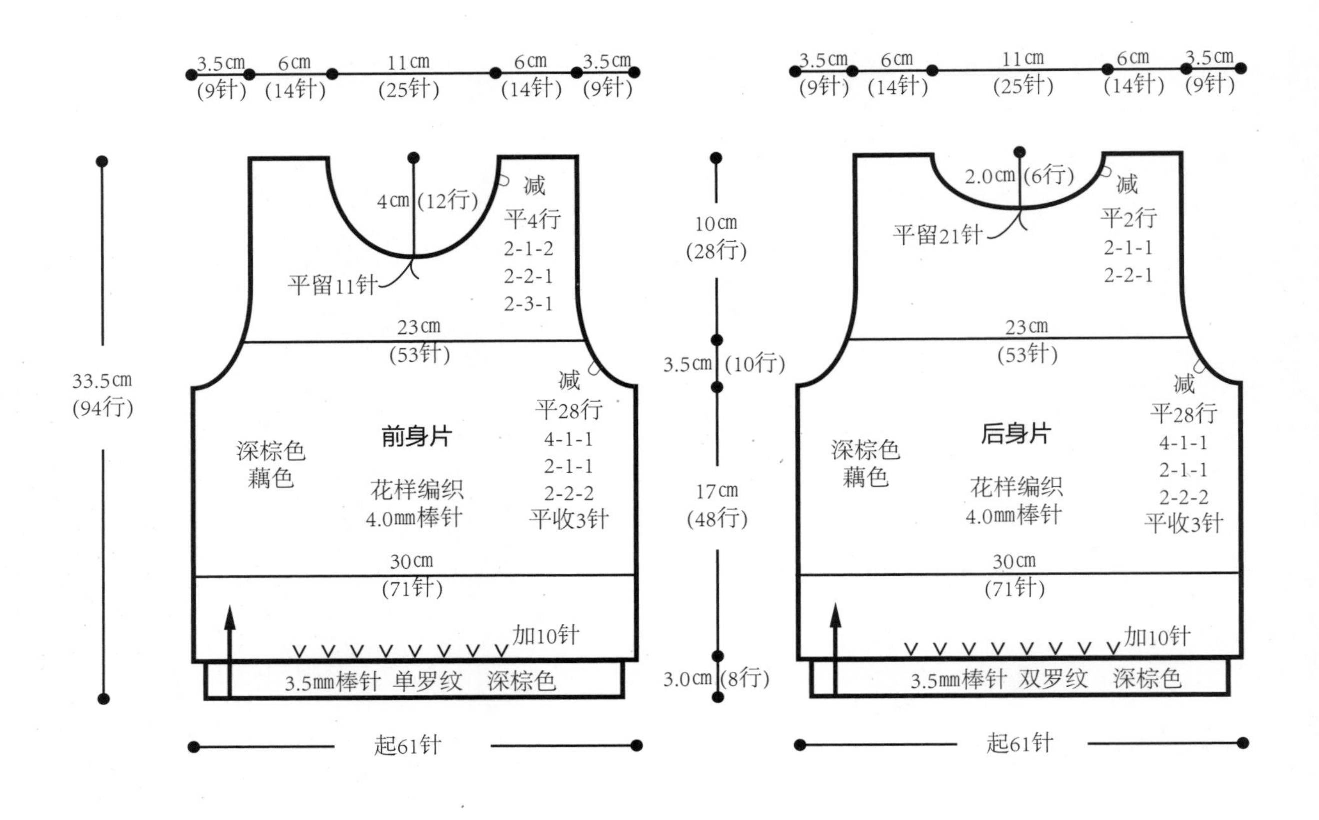

3.5cm (9针) 6cm (14针) 11cm (25针) 6cm (14针) 3.5cm (9针)
4cm (12行)
平留11针
减 平4行 2-1-2 2-2-1 2-3-1
23cm (53针)
33.5cm (94行)
减 平28行 4-1-1 2-1-1 2-2-2 平收3针
前身片
深棕色 藕色
花样编织 4.0mm棒针
30cm (71针)
加10针
3.5mm棒针 单罗纹 深棕色
起61针
10cm (28行)
3.5cm (10行)
17cm (48行)
3.0cm (8行)
2.0cm (6行)
平留21针
减 平2行 2-1-1 2-2-1
23cm (53针)
后身片
深棕色 藕色
花样编织 4.0mm棒针
减 平28行 4-1-1 2-1-1 2-2-2 平收3针
30cm (71针)
加10针
3.5mm棒针 双罗纹 深棕色
起61针

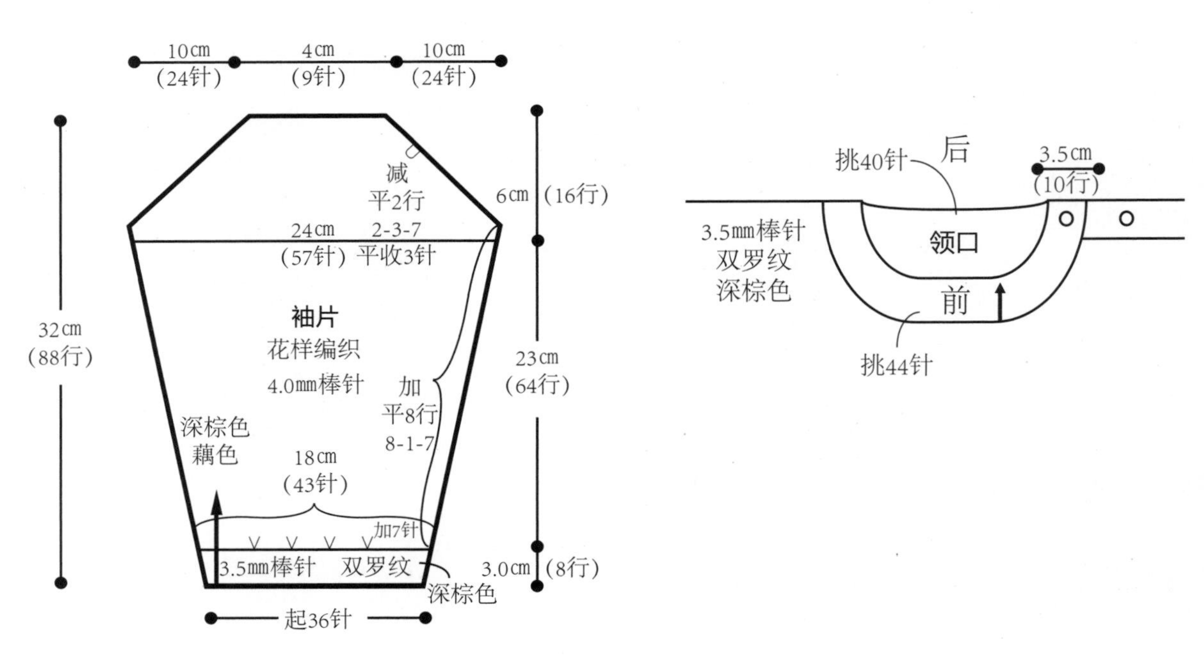

10cm (24针) 4cm (9针) 10cm (24针)
32cm (88行)
减 平2行 2-3-7
24cm (57针) 平收3针
6cm (16行)
袖片
花样编织 4.0mm棒针
加 平8行 8-1-7
23cm (64行)
深棕色 藕色
18cm (43针)
加7针
3.5mm棒针 双罗纹
深棕色
3.0cm (8行)
起36针
挑40针 后
3.5cm (10行)
3.5mm棒针 双罗纹 深棕色
领口
前
挑44针

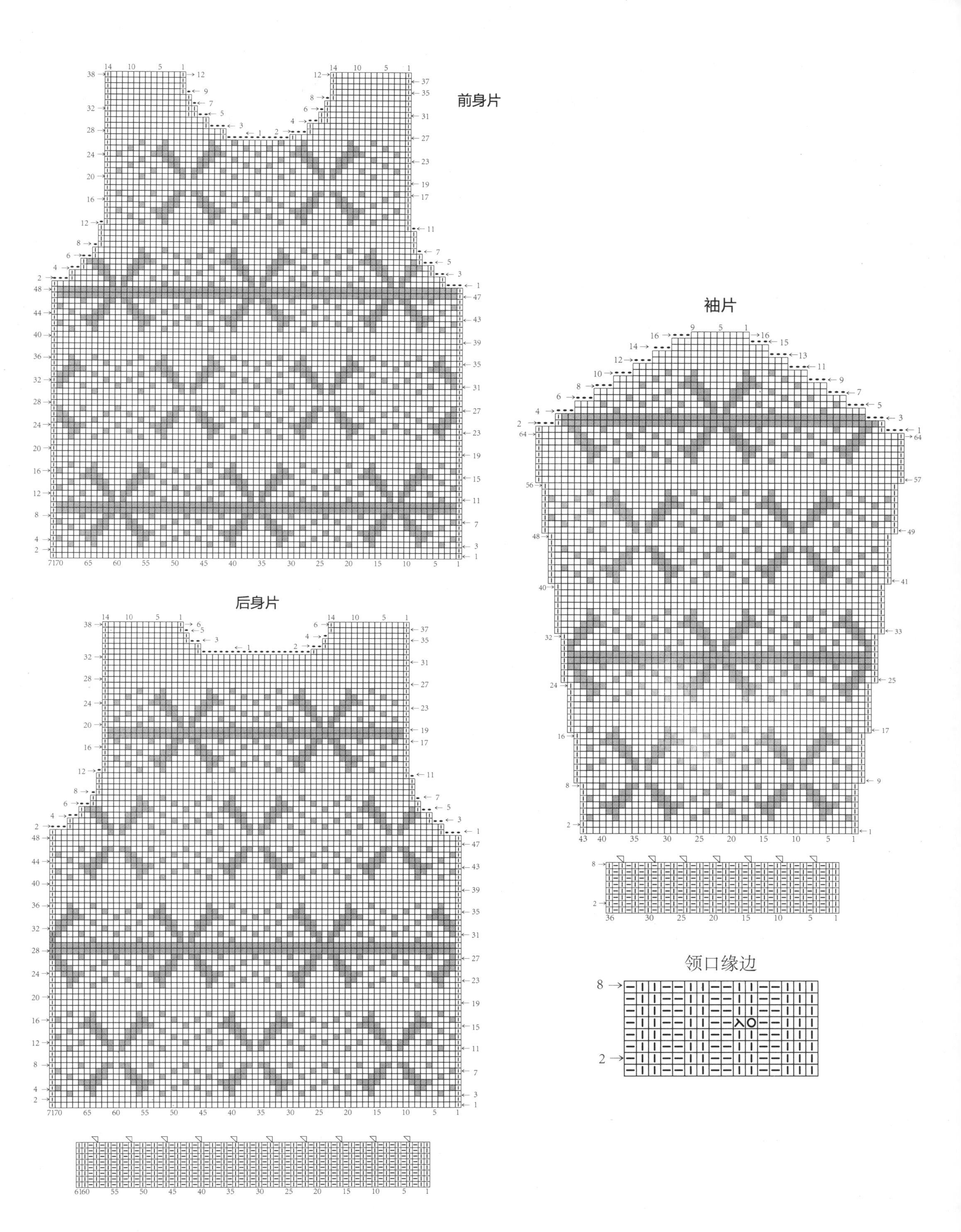
前身片
后身片
袖片
领口缘边

20

小画家

编织材料·九色鹿金色童年-1108橙色-130g
九色鹿金色童年-9603灰色-200g
九色鹿100%Merino Wool-1065蓝黑色-少量

编织工具·3.5mm棒针

成品尺寸·衣长45cm、胸宽31cm、肩宽24cm、袖长24cm

编织密度·24针×32行/10cm×10cm

编织要点·此款毛衣编织的难点是花样。首先分别将前、后身片编织好并缝合，缝合时注意花样对齐、平整。接着编织左、右袖片并缝合，缝合时注意花样对齐、平整。最后编织领口门襟及领片。

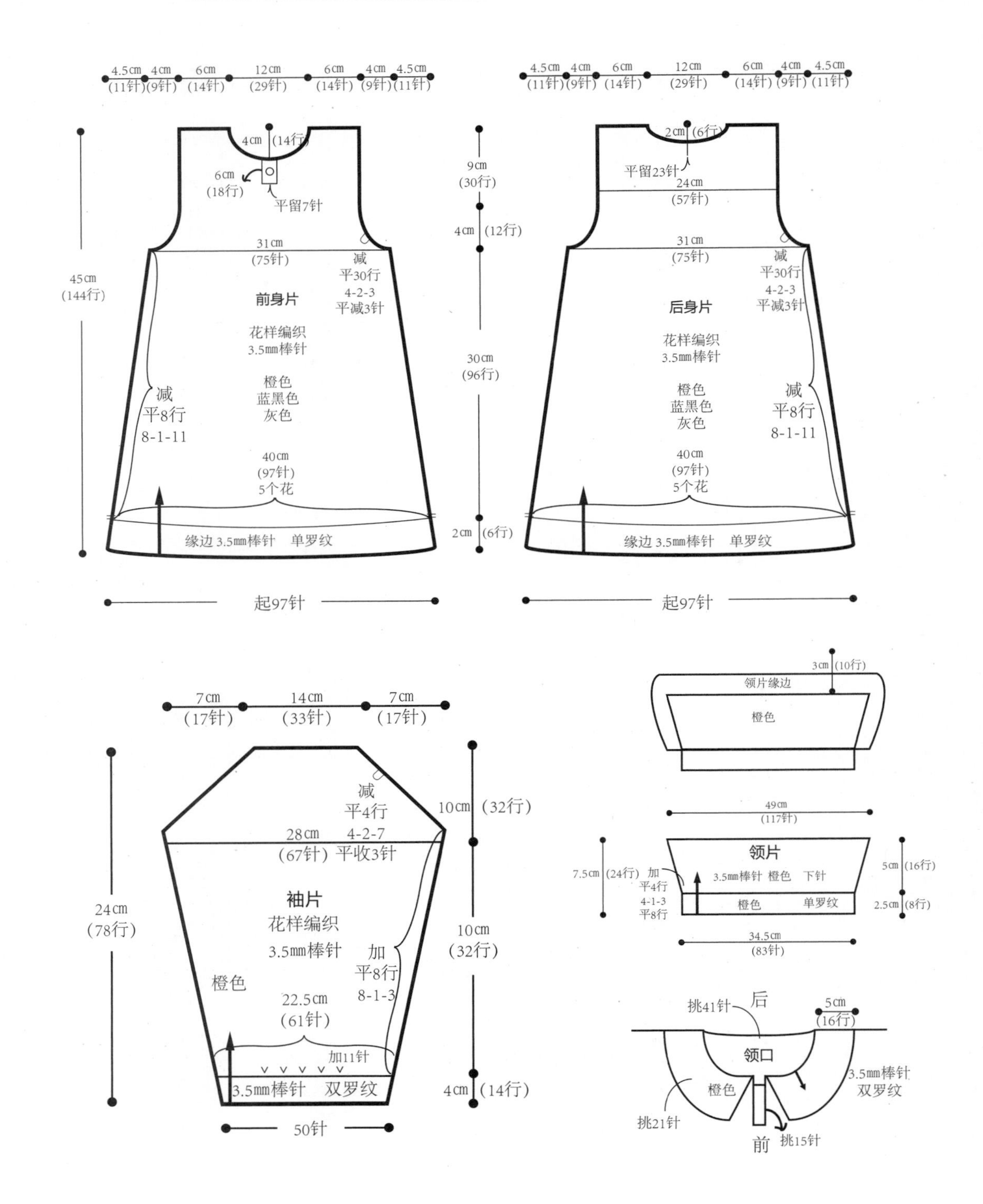

前身片
花样编织
3.5mm棒针
橙色
蓝黑色
灰色
40cm
(97针)
5个花
缘边 3.5mm棒针 单罗纹
起97针
45cm
(144行)
31cm
(75针)
减
平30行
4-2-3
平减3针
减
平8行
8-1-11
6cm
(18行)
平留7针
4cm (14行)
后身片
平留23针
2cm (6行)
24cm
(57针)
9cm
(30行)
4cm (12行)
30cm
(96行)
2cm (6行)
袖片
花样编织
3.5mm棒针
橙色
28cm
(67针)
平收3针
减
平4行
4-2-7
加
平8行
8-1-3
22.5cm
(61针)
加11针
3.5mm棒针 双罗纹
50针
24cm
(78行)
10cm (32行)
4cm (14行)
7cm
(17针)
14cm
(33针)
领片缘边
3cm (10行)
领片
3.5mm棒针 橙色 下针
单罗纹
49cm
(117针)
34.5cm
(83针)
7.5cm (24行)
加
平4行
4-1-3
平8行
5cm (16行)
2.5cm (8行)
领口
后
前
挑41针
挑21针
挑15针
3.5mm棒针
双罗纹

后领

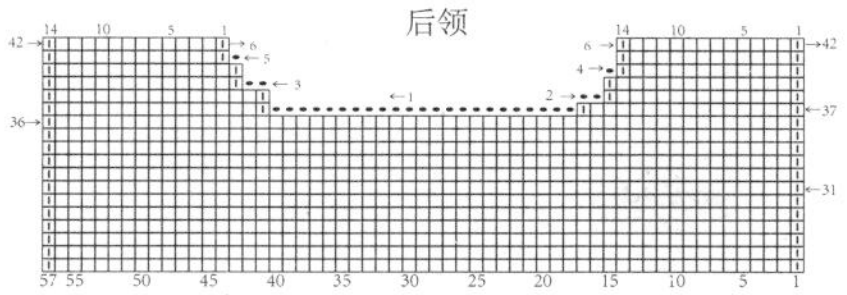

前身片

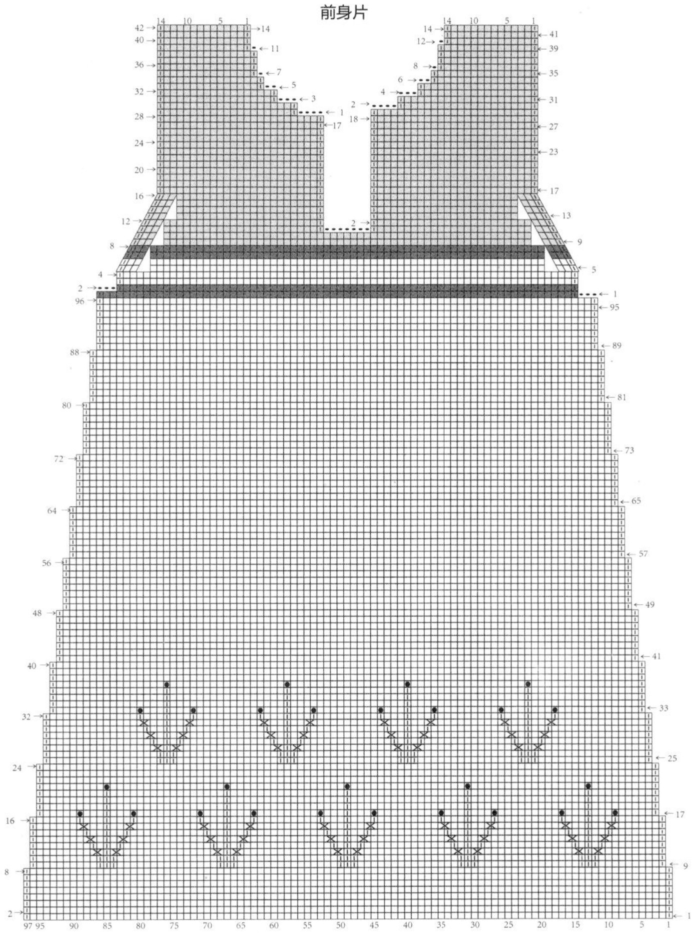

袖片

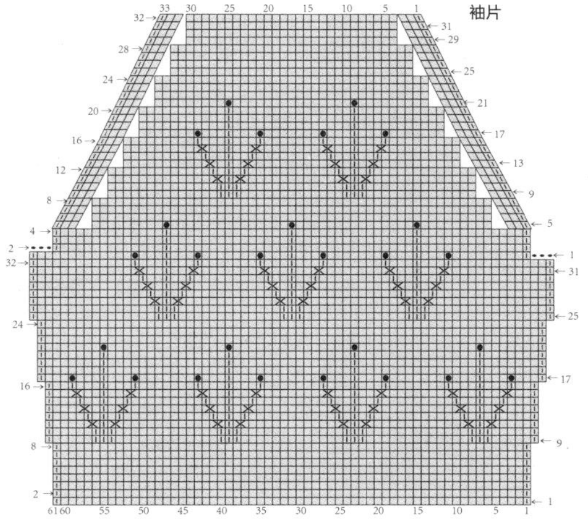

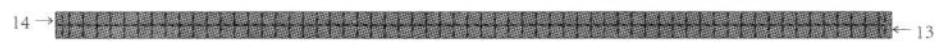

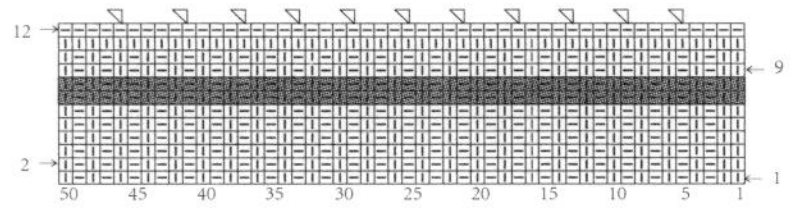

◸ = |||

□=灰色
▨=橙色
■=深蓝色

领口门襟花样

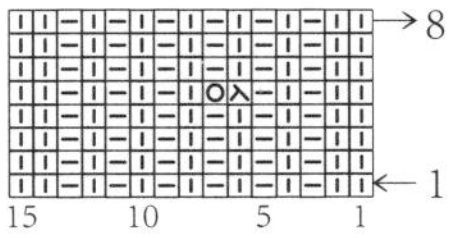

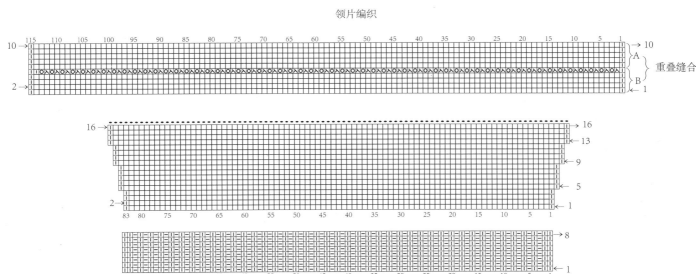

领片编织

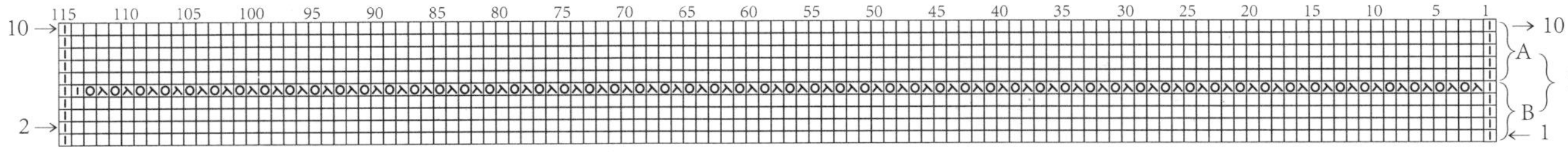
A
B
重叠缝合

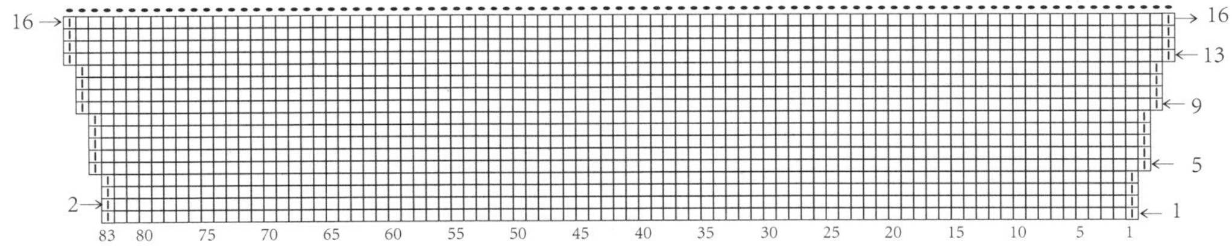

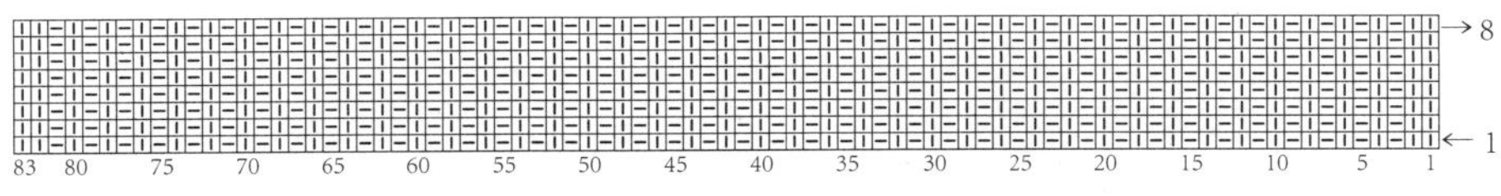

21

皮草公主

编织材料・九色鹿韵皮草-1210玫红色-150g、1206粉红色-200g

编织工具・4.5mm棒针、4.0mm钩针

编织密度・16针×22行/10cm×10cm

成品尺寸・衣长40cm、胸宽32.5cm、肩宽24cm、袖口17cm

编织要点・此款毛衣编织的难点是花样。首先分别将前、后身片编织好并缝合，缝合时注意花样对齐、平整。然后用钩针将袖口、领口缘边钩好。

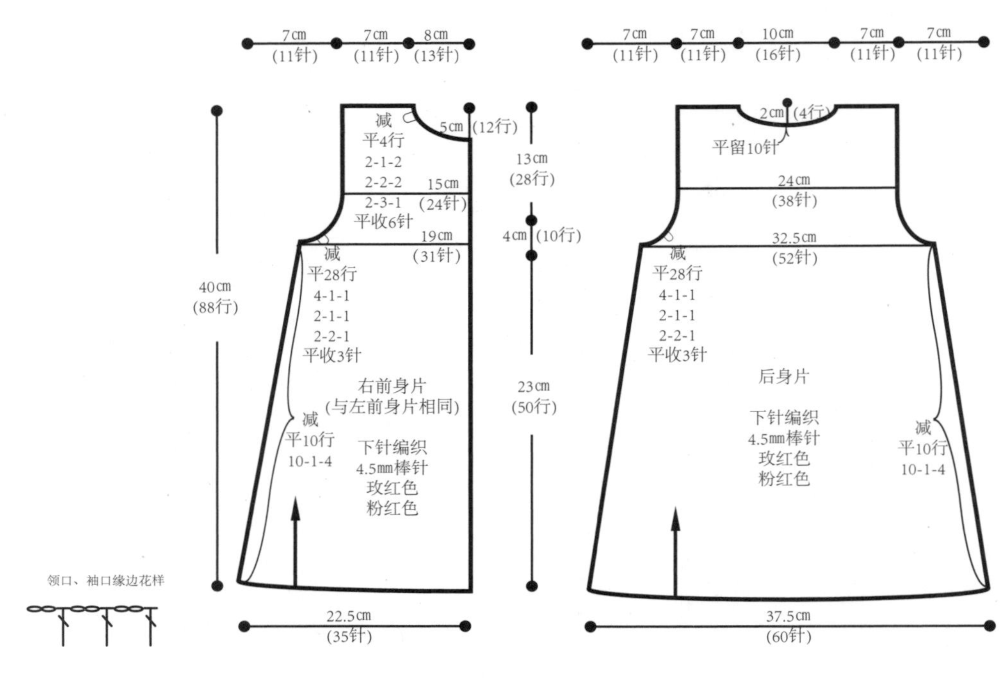

7cm (11针)
7cm (11针)
8cm (13针)
减
平4行
2-1-2
2-2-2
2-3-1
平收6针
5cm (12行)
15cm (24针)
19cm (31针)
13cm (28行)
4cm (10行)
40cm (88行)
减
平28行
4-1-1
2-1-1
2-2-1
平收3针
右前身片
(与左前身片相同)
减
平10行
10-1-4
下针编织
4.5mm棒针
玫红色
粉红色
23cm (50行)
22.5cm (35针)
领口、袖口缘边花样
7cm (11针)
7cm (11针)
10cm (16针)
7cm (11针)
7cm (11针)
2cm (4行)
平留10针
24cm (38针)
32.5cm (52针)
减
平28行
4-1-1
2-1-1
2-2-1
平收3针
后身片
下针编织
4.5mm棒针
玫红色
粉红色
减
平10行
10-1-4
37.5cm (60针)

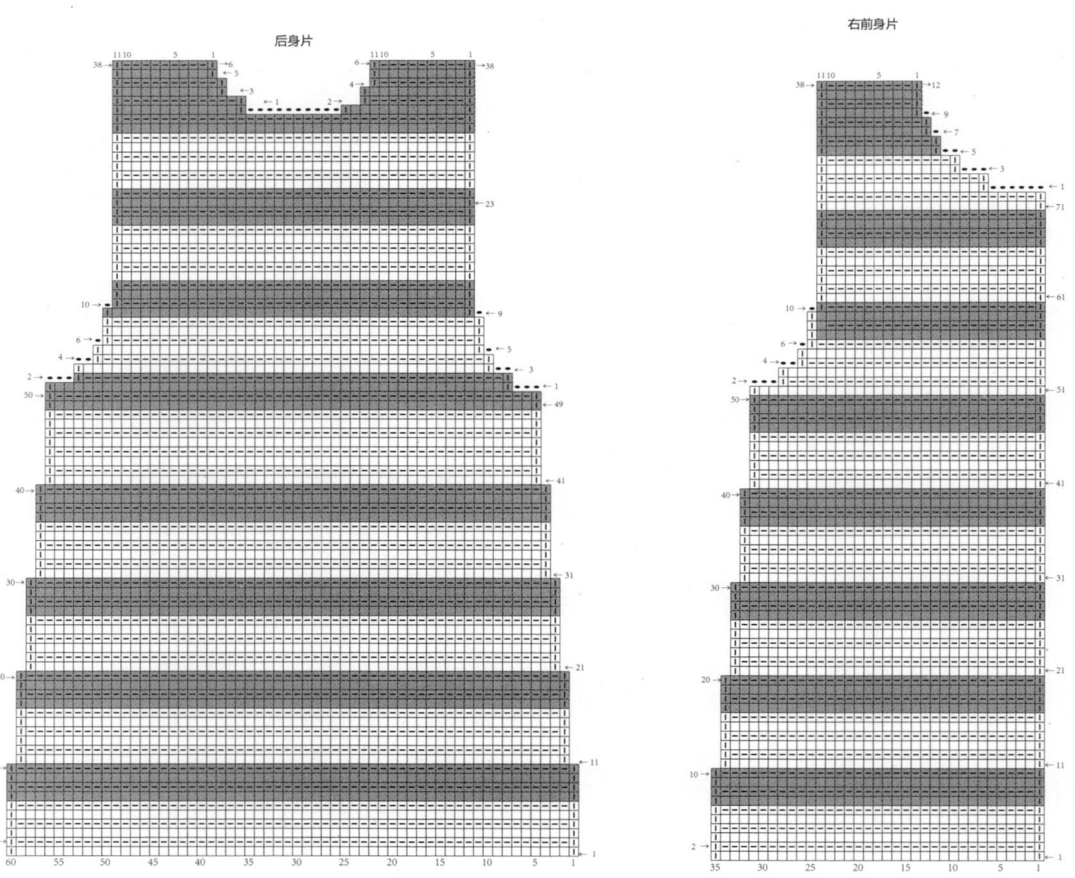

后身片
右前身片

22
彩旗

编织材料·九色鹿金色童年-1002浅灰色-200g、1108橙色-5g、1225枣红色-5g、1316蓝色-5g
编织工具·3.0mm棒针、3.5mm棒针、3.25mm钩针
成品尺寸·衣长35cm、胸宽28cm、肩宽21cm、袖长29.5cm
编织密度·26针×34行/10cm×10cm
编织要点·此款编织的难点是花样，建议分线、分区编织。首先分别将前、后身片编织好并缝合，缝合时注意花样对齐、平坦。接着编织左、右袖片并将其与对应袖窿缝合，缝合时注意花样对齐、平坦。接着编织领口花样，最后钩编领口缘边。

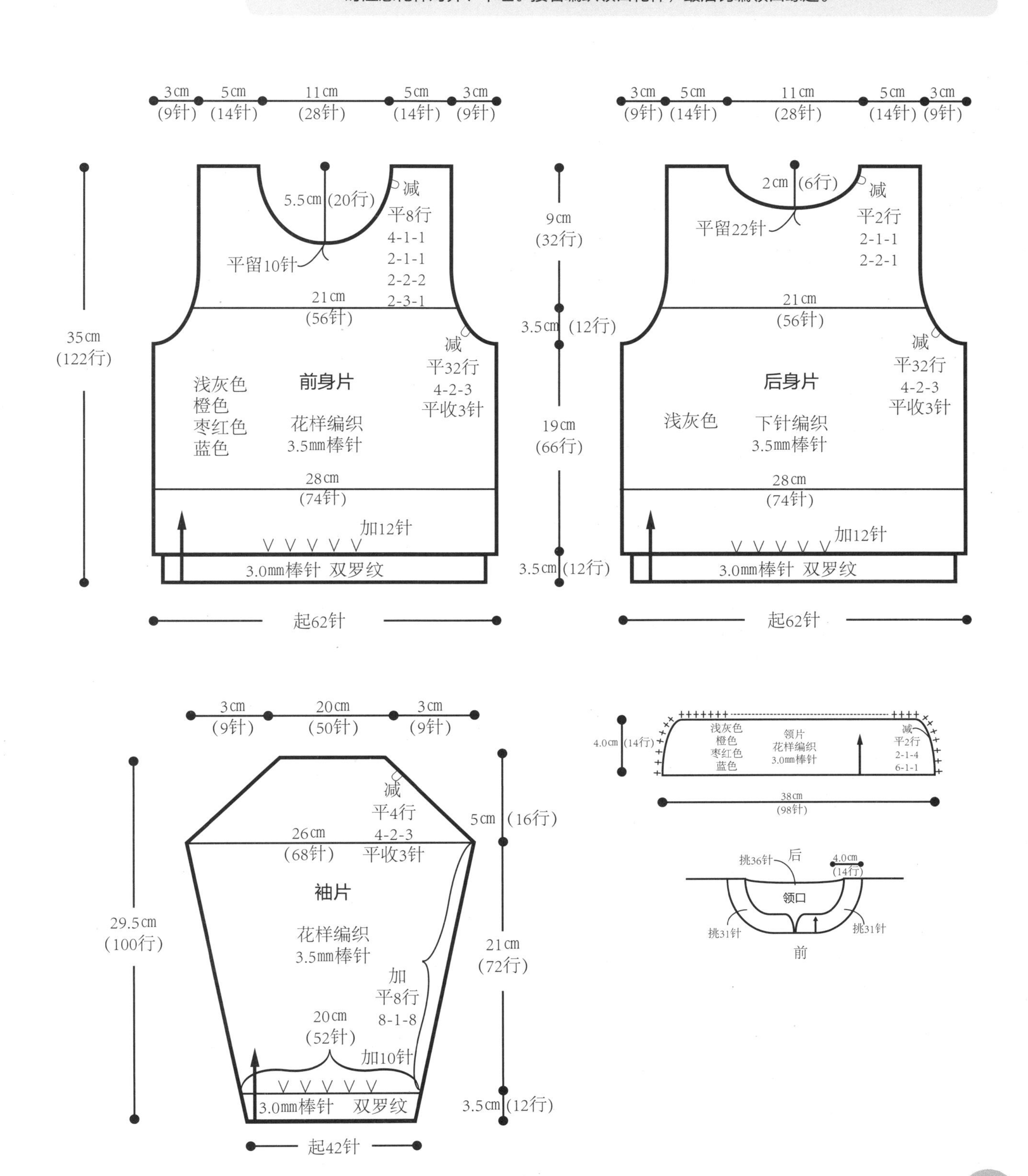
3cm (9针) 5cm (14针) 11cm (28针) 5cm (14针) 3cm (9针)
5.5cm (20行)
减
平8行
4-1-1
2-1-1
2-2-2
2-3-1
平留10针
21cm (56针)
35cm (122行)
减
平32行
4-2-3
平收3针
浅灰色
橙色
枣红色
蓝色
前身片
花样编织
3.5mm棒针
28cm (74针)
加12针
3.0mm棒针 双罗纹
起62针
3cm (9针) 5cm (14针) 11cm (28针) 5cm (14针) 3cm (9针)
2cm (6行)
减
平2行
2-1-1
2-2-1
平留22针
9cm (32行)
21cm (56针)
3.5cm (12行)
减
平32行
4-2-3
平收3针
后身片
浅灰色
下针编织
3.5mm棒针
19cm (66行)
28cm (74针)
加12针
3.5cm (12行)
3.0mm棒针 双罗纹
起62针
3cm (9针) 20cm (50针) 3cm (9针)
减
平4行
4-2-3
平收3针
5cm (16行)
26cm (68针)
袖片
花样编织
3.5mm棒针
29.5cm (100行)
21cm (72行)
加
平8行
8-1-8
20cm (52针)
加10针
3.0mm棒针 双罗纹
3.5cm (12行)
起42针
4.0cm (14行)
浅灰色
橙色
枣红色
蓝色
领片
花样编织
3.0mm棒针
减
平2行
2-1-4
6-1-1
38cm (98针)
挑36针
后
4.0cm (14行)
领口
挑31针
挑31针
前

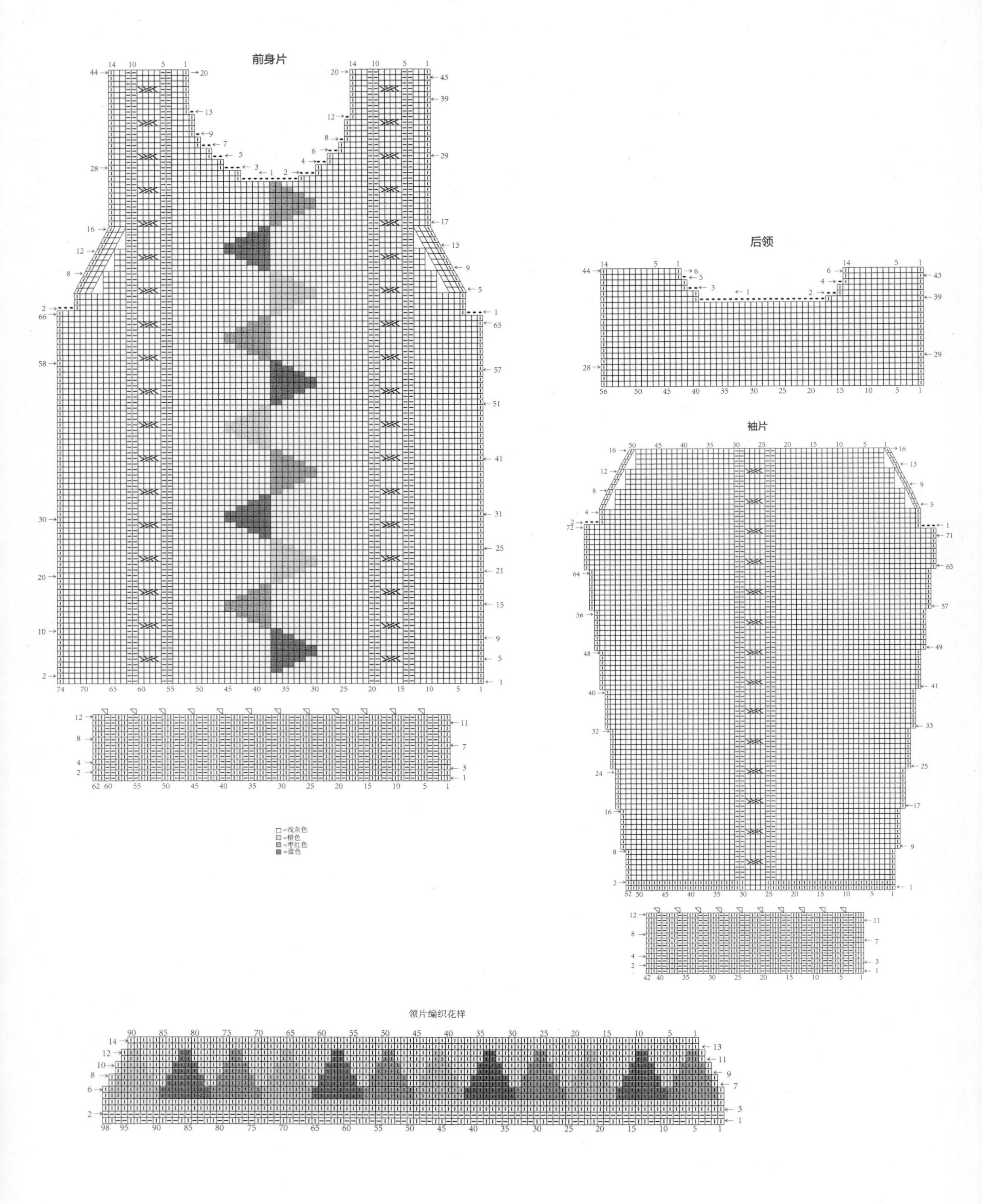
前身片
后领
袖片
□=浅灰色
=橙色
=枣红色
=蓝色
领片编织花样

23 繁星

编织材料・九色鹿100%羊毛宝宝专用线-1100卡其色（双线编织）-300g
九色鹿金色童年-1206玫红色-少量（单线编织）
九色鹿100%Merino Wool-1052蓝紫色-少量（单线编织）
九色鹿新生儿专用线-1404绿色少量（双线编织）

编织工具・3.5mm棒针

成品尺寸・衣长37.5cm、胸宽30cm、袖肩长38cm

编织密度・24针×32行/10cm×10cm

编织要点・此款毛衣编织的难点是领口。首先分别将前后身片编织好并缝合，缝合时注意花样对齐、平整。接着编织左、右袖片并缝合，缝合时注意花样对齐、平整。最后编织领口缘边。

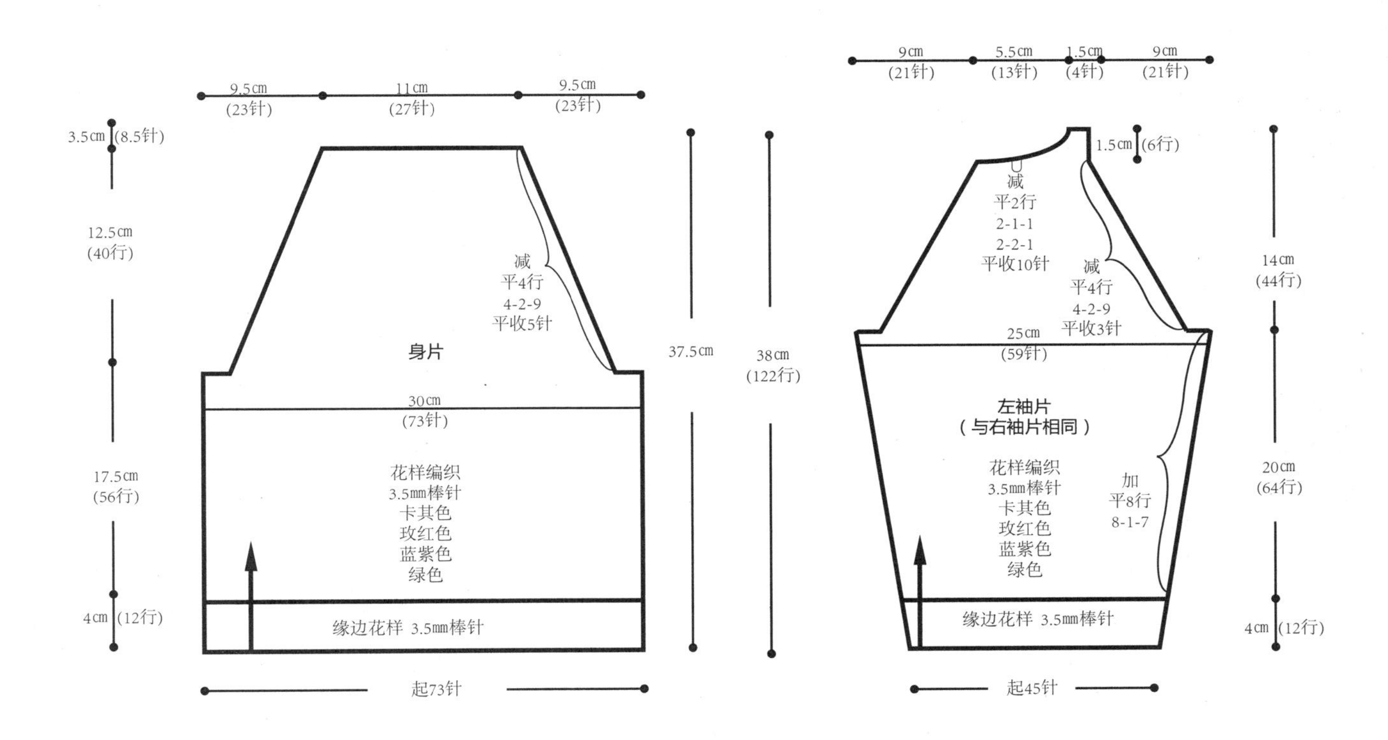

9.5cm (23针)
11cm (27针)
9.5cm (23针)
3.5cm (8.5针)
12.5cm (40行)
减
平4行
4-2-9
平收5针
身片
30cm (73针)
17.5cm (56行)
花样编织
3.5mm棒针
卡其色
玫红色
蓝紫色
绿色
4cm (12行)
缘边花样 3.5mm棒针
起73针
37.5cm
38cm (122行)
9cm (21针)
5.5cm (13针)
1.5cm (4针)
9cm (21针)
1.5cm (6行)
减
平2行
2-1-1
2-2-1
平收10针
减
平4行
4-2-9
平收3针
25cm (59针)
14cm (44行)
左袖片
（与右袖片相同）
花样编织
3.5mm棒针
卡其色
玫红色
蓝紫色
绿色
加
平8行
8-1-7
20cm (64行)
缘边花样 3.5mm棒针
4cm (12行)
起45针

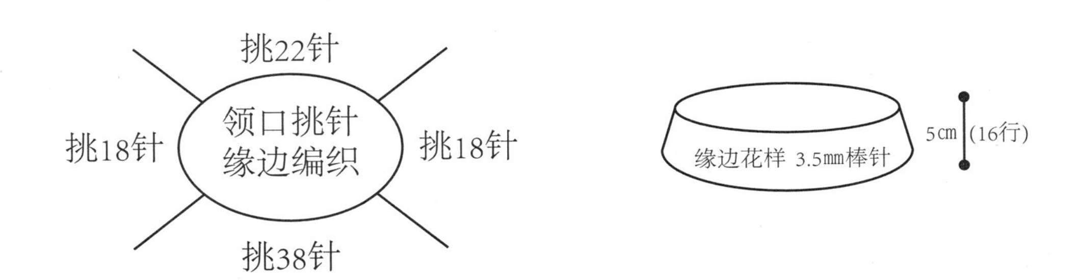

挑22针
挑18针
领口挑针
缘边编织
挑18针
挑38针
缘边花样 3.5mm棒针
5cm (16行)

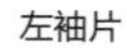
左袖片

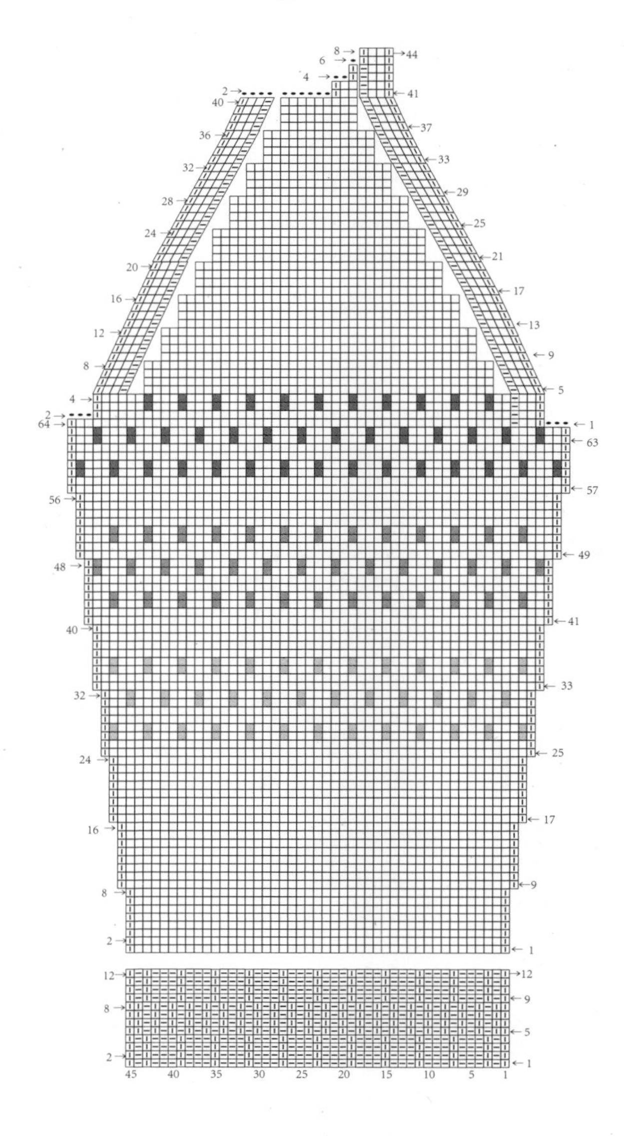

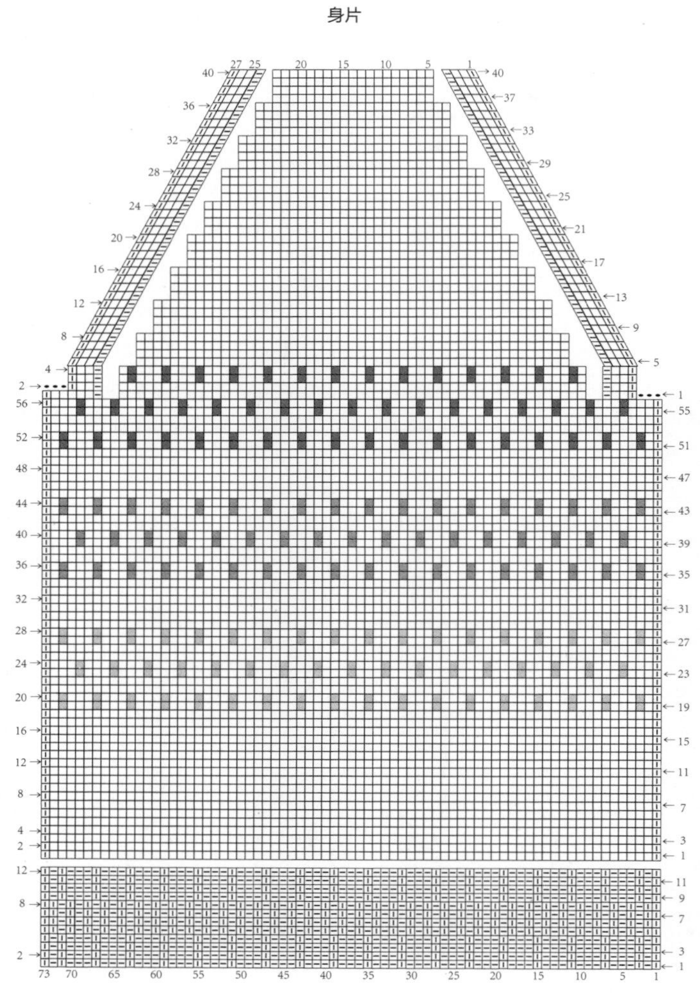
身片

领口

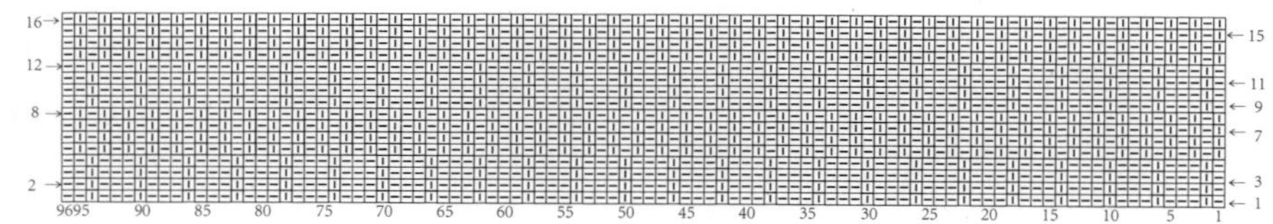

24 蓝色倾情

编织材料·九色鹿金色童年-3101白色-250g（双线编织）、3136蓝色-50g（双线编织）

编织工具·3.5mm棒针、4.0mm钩针

成品尺寸·衣长31cm、胸宽31cm、袖长38cm

编织密度·24针×32行/10cm×10cm

编织要点·此款毛衣编织的难点是领口。首先分别将前后身片编织好并缝合，缝合时注意花样对齐、平整。接着编织左、右袖片并缝合，缝合时注意花样对齐、平整。跟着编织领口缘边，最后编织扣片。

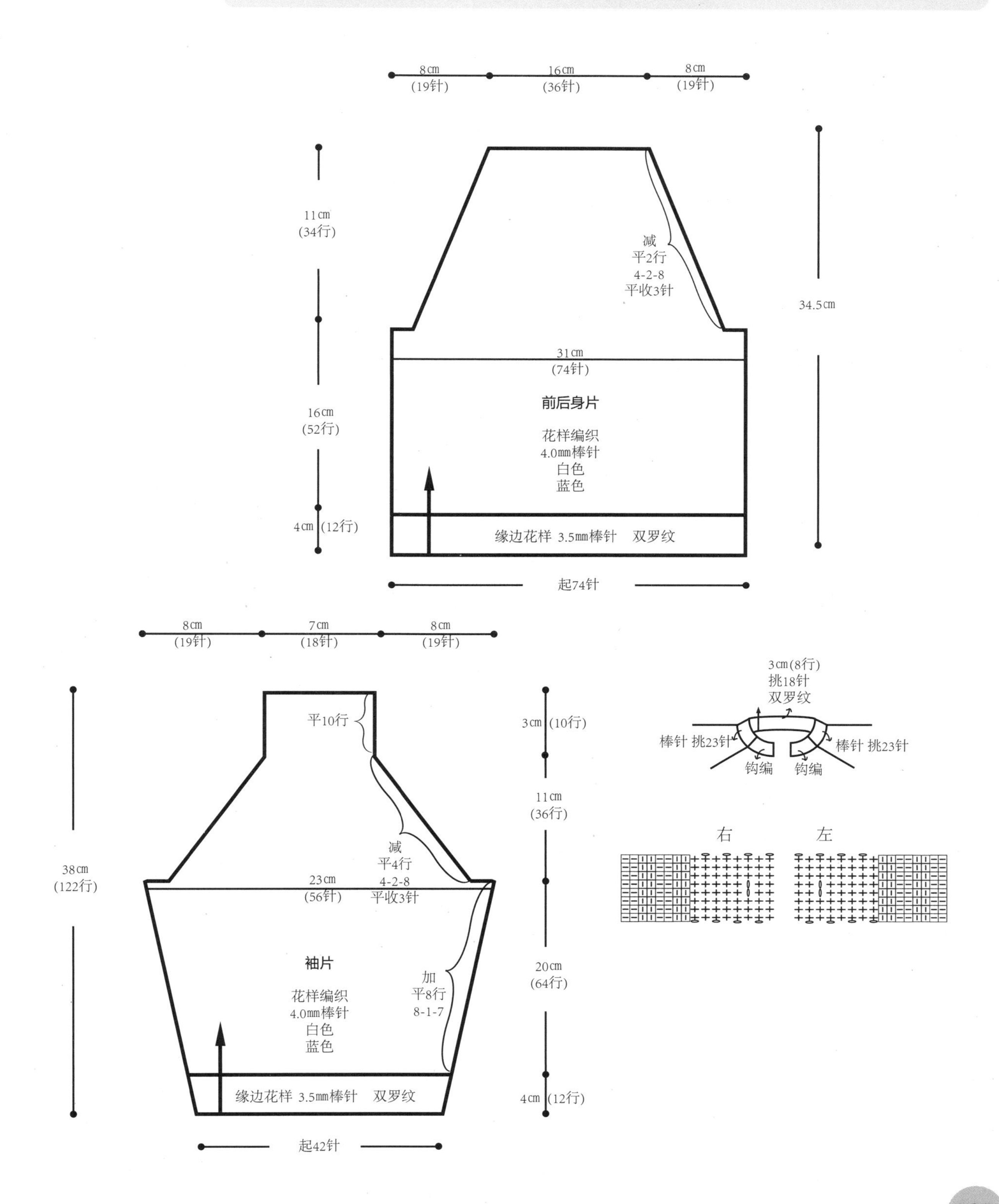

8cm (19针)
16cm (36针)
8cm (19针)
11cm (34行)
减
平2行
4-2-8
平收3针
34.5cm
31cm (74针)
前后身片
花样编织
4.0mm棒针
白色
蓝色
16cm (52行)
4cm (12行)
缘边花样 3.5mm棒针 双罗纹
起74针
8cm (19针)
7cm (18针)
8cm (19针)
平10行
3cm (10行)
11cm (36行)
减
平4行
4-2-8
平收3针
23cm (56针)
38cm (122行)
袖片
花样编织
4.0mm棒针
白色
蓝色
加
平8行
8-1-7
20cm (64行)
缘边花样 3.5mm棒针 双罗纹
4cm (12行)
起42针
3cm(8行)
挑18针
双罗纹
棒针 挑23针
棒针 挑23针
钩编
钩编
右
左

身片

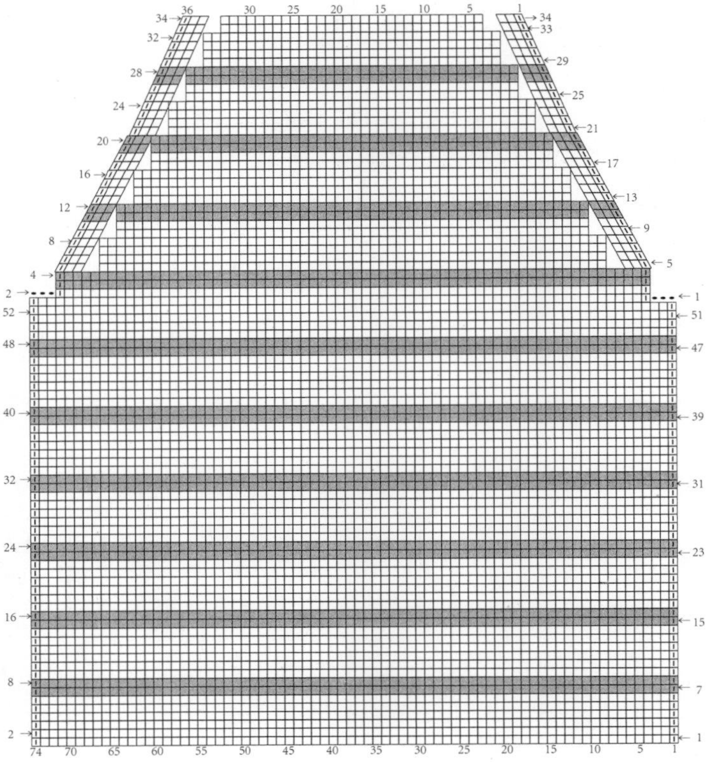

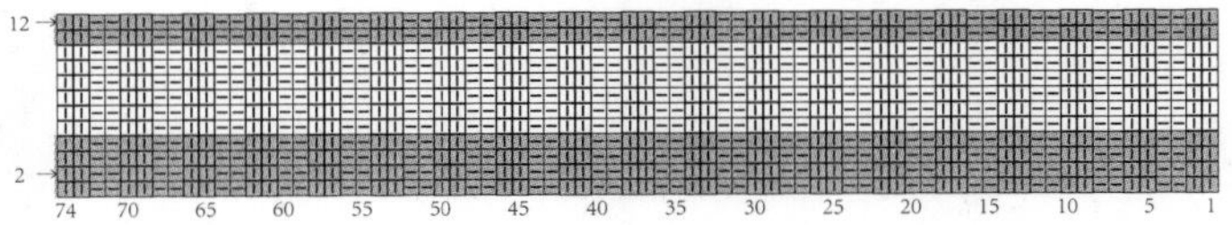

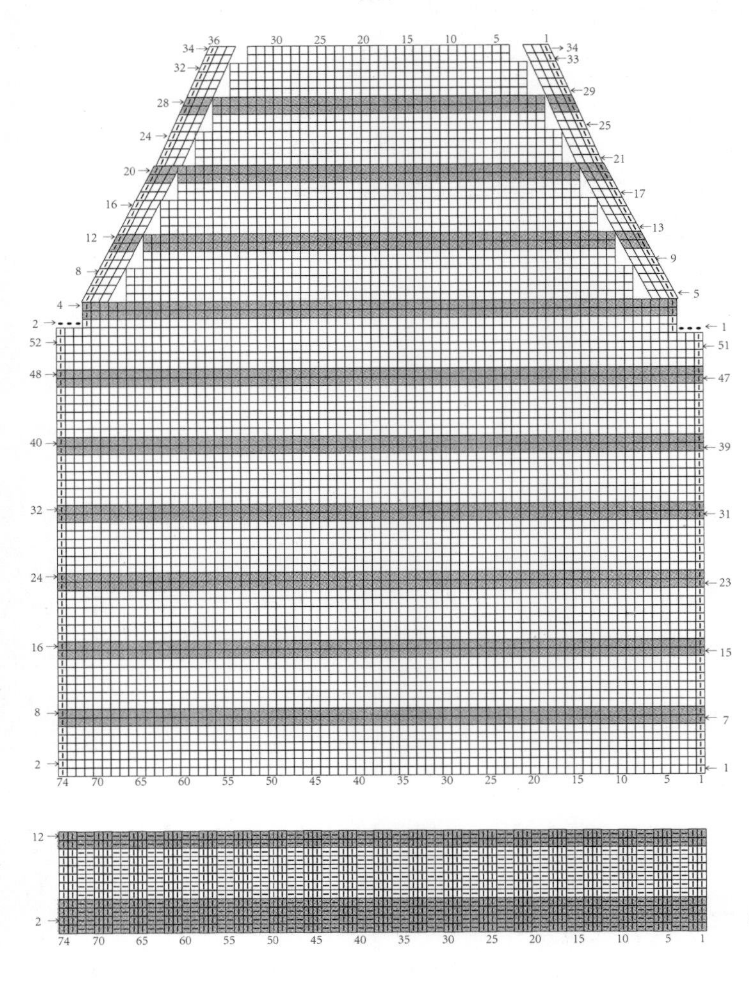

袖片

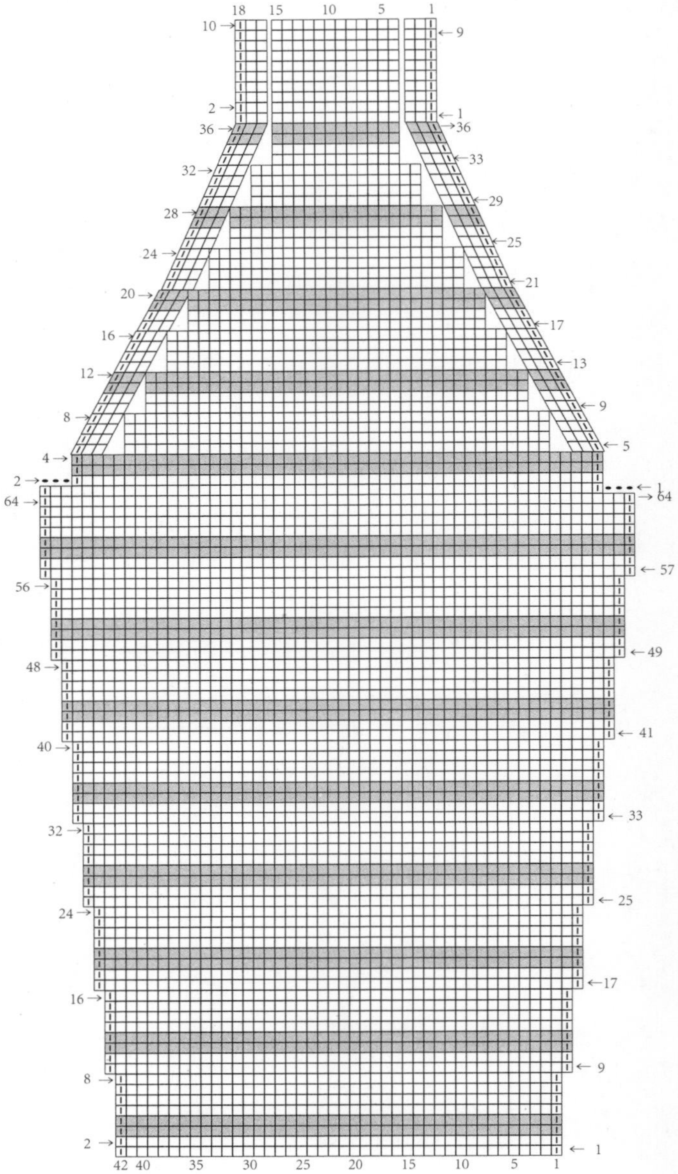

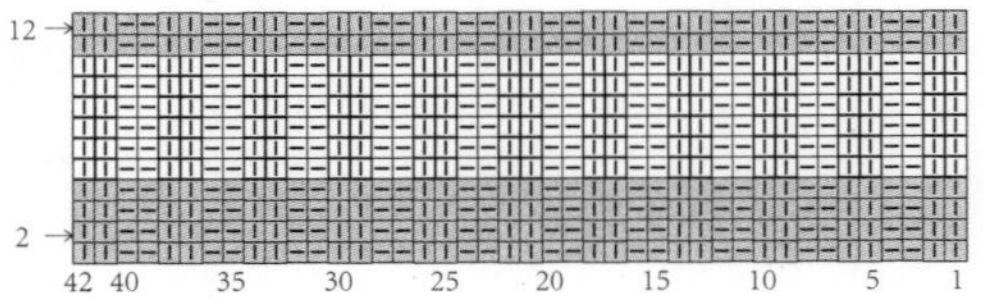

25
素色小扭花

编织材料·九色鹿金色童年-1525棕色-280g、1108橙色-少量

编织工具·3.5mm棒针、4.0mm棒针

成品尺寸·衣长35cm、胸宽33cm、袖肩长41cm

编织密度·26针×32行/10cm×10cm

编织要点·此款毛衣编织的难点是袖子。首先将前身片与后身片编织好并缝合。接着编织左右袖片并将其与身片对应缝合。最后编织领口缘边并将两端均匀缝合。

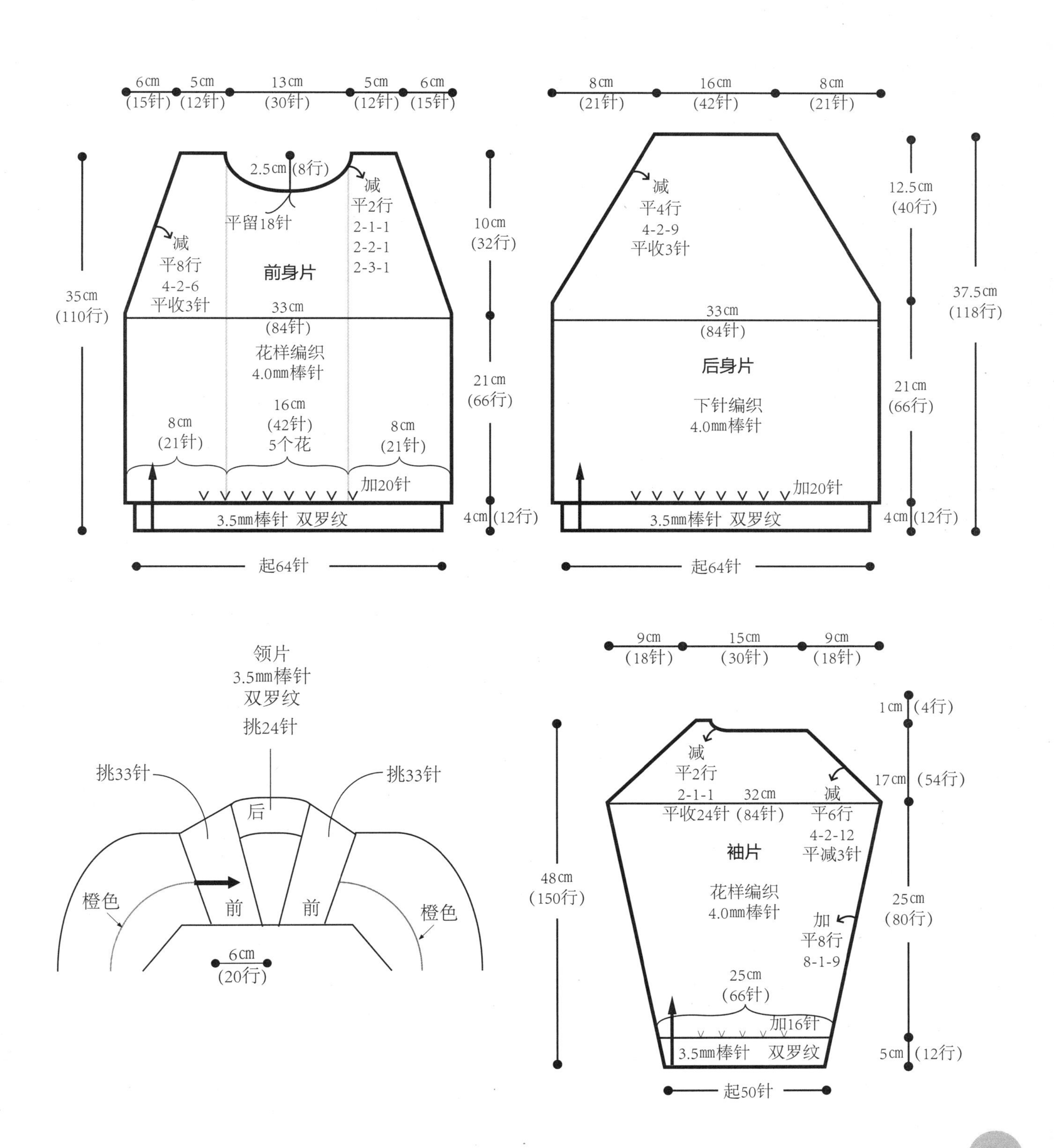
6cm (15针) 5cm (12针) 13cm (30针) 5cm (12针) 6cm (15针)
2.5cm (8行)
平留18针
减 平2行 2-1-1 2-2-1 2-3-1
减 平8行 4-2-6 平收3针
前身片
35cm (110行)
10cm (32行)
33cm (84针)
花样编织 4.0mm棒针
21cm (66行)
8cm (21针)
16cm (42针) 5个花
8cm (21针)
加20针
3.5mm棒针 双罗纹
4cm (12行)
起64针
8cm (21针) 16cm (42针) 8cm (21针)
减 平4行 4-2-9 平收3针
12.5cm (40行)
37.5cm (118行)
33cm (84针)
后身片
下针编织 4.0mm棒针
21cm (66行)
加20针
3.5mm棒针 双罗纹
4cm (12行)
起64针
领片 3.5mm棒针 双罗纹
挑24针
挑33针
挑33针
后
前
前
橙色
橙色
6cm (20行)
9cm (18针) 15cm (30针) 9cm (18针)
1cm (4行)
减 平2行 2-1-1 平收24针
32cm (84针)
减 平6行 4-2-12 平减3针
17cm (54行)
48cm (150行)
袖片
花样编织 4.0mm棒针
加 平8行 8-1-9
25cm (80行)
25cm (66针)
加16针
3.5mm棒针 双罗纹
5cm (12行)
起50针

后身片

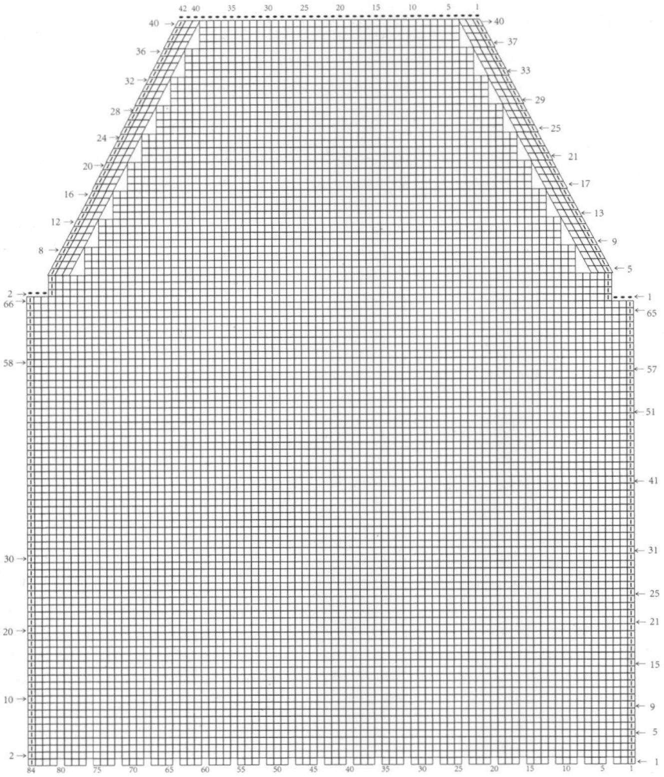

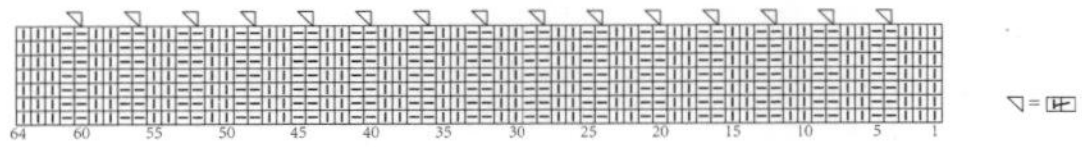

■=橙色
□=棕色

前身片

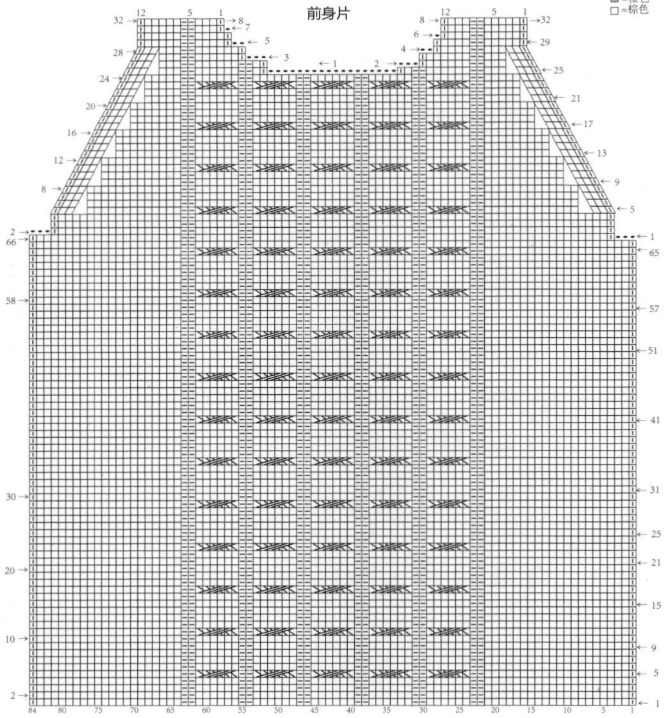

袖片

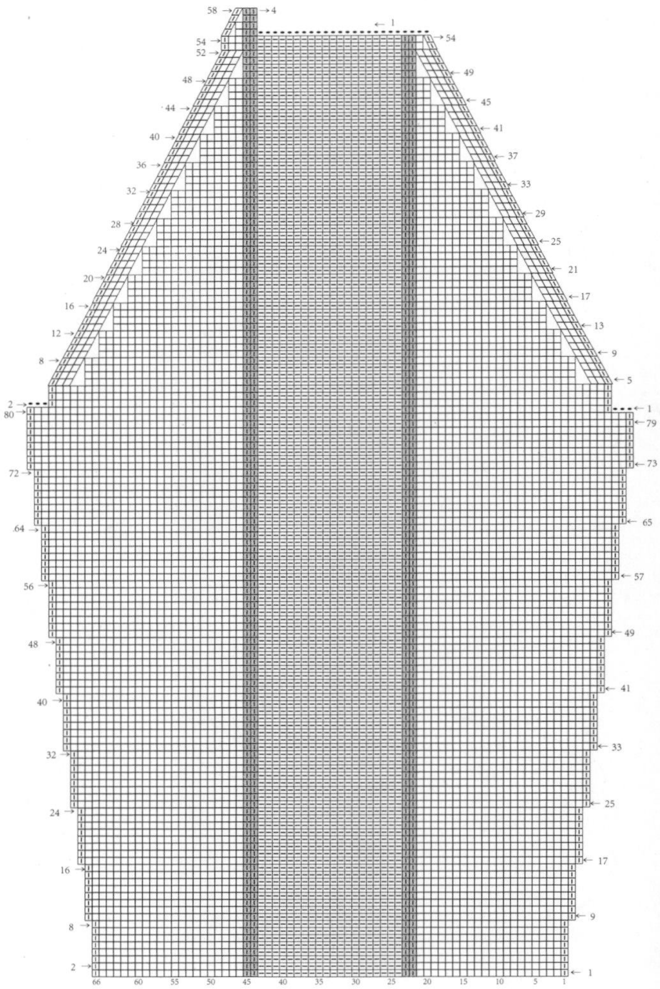

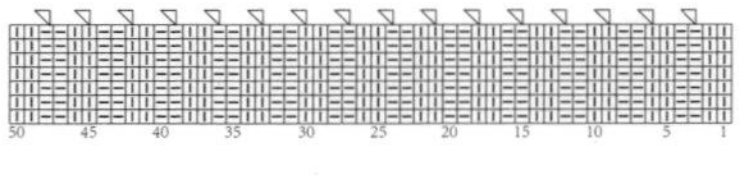

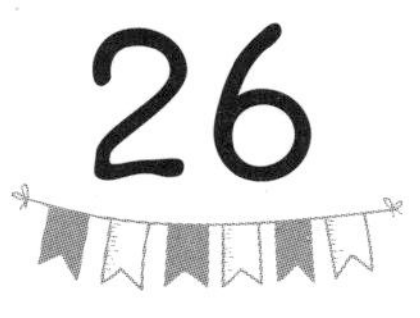
26
田园

编织材料·九色鹿韵皮草-1316宝蓝色-100g、1405嫩绿色-150g

编织工具·4.5mm棒针、4.0mm钩针

成品尺寸·衣长36cm、胸宽32cm、肩宽24cm、袖口14cm

编织密度·16针×20行/10cm×10cm

编织要点·此款毛衣编织的难点是缝合，要注意花样对齐、平坦无皱。首先将前、后身片编织好并缝合，缝合时注意花样对齐、平整。然后钩编领口及袖口缘边。

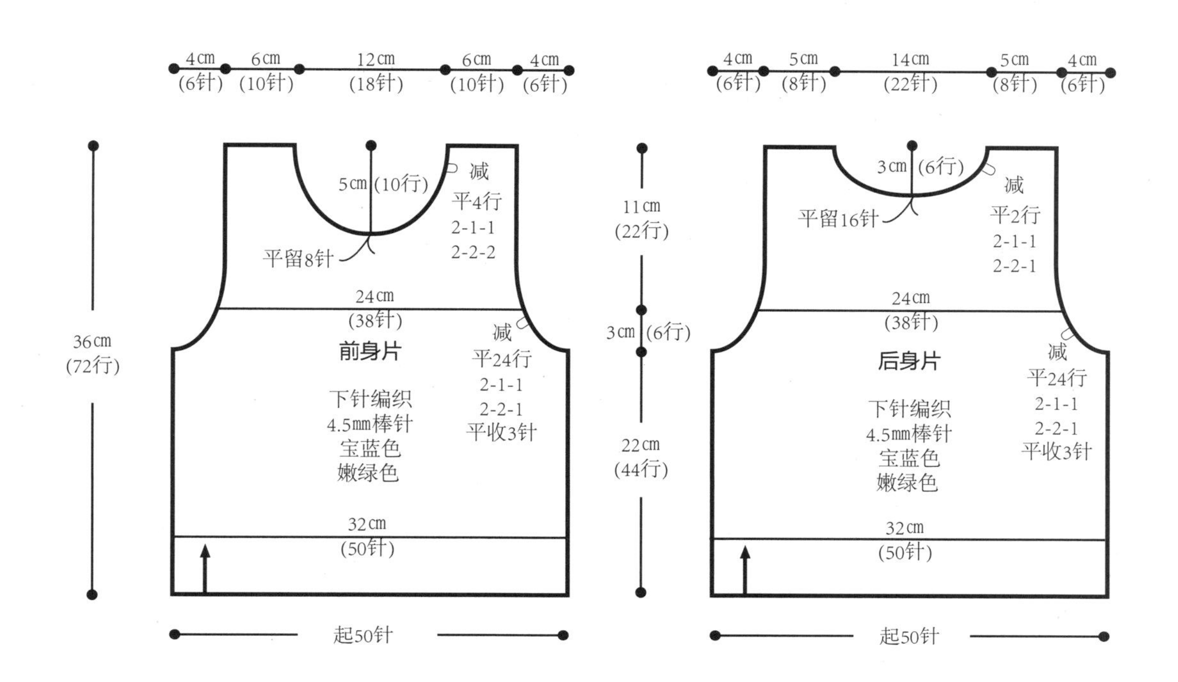
4cm (6针) 6cm (10针) 12cm (18针) 6cm (10针) 4cm (6针)
5cm (10行)
减
平4行
2-1-1
2-2-2
平留8针
36cm (72行)
24cm (38针)
前身片
减
平24行
2-1-1
2-2-1
平收3针
下针编织
4.5mm棒针
宝蓝色
嫩绿色
32cm (50针)
起50针
11cm (22行)
3cm (6行)
22cm (44行)
4cm (6针) 5cm (8针) 14cm (22针) 5cm (8针) 4cm (6针)
3cm (6行)
平留16针
减
平2行
2-1-1
2-2-1
24cm (38针)
后身片
减
平24行
2-1-1
2-2-1
平收3针
下针编织
4.5mm棒针
宝蓝色
嫩绿色
32cm (50针)
起50针

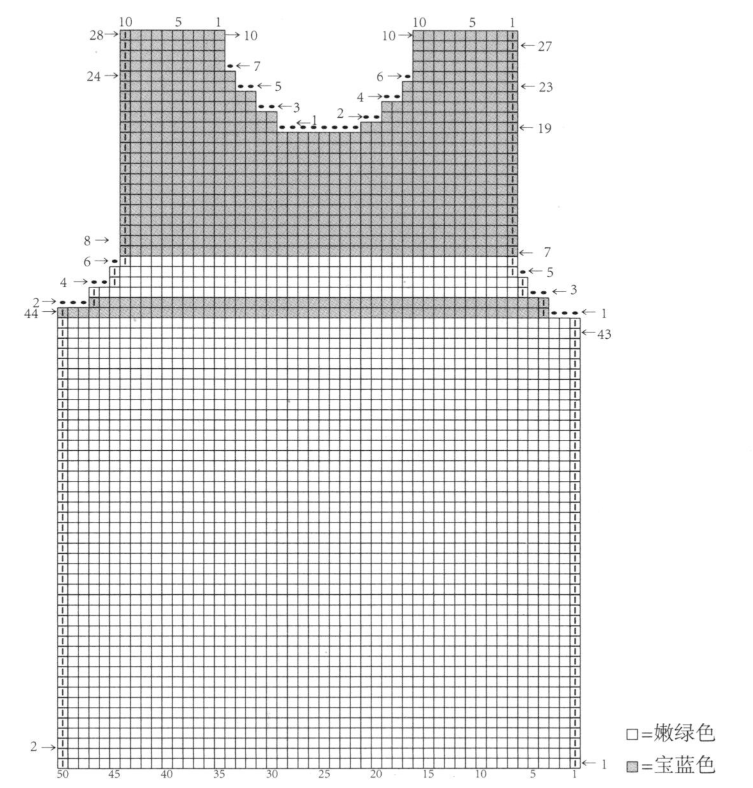
前身片
□=嫩绿色
■=宝蓝色

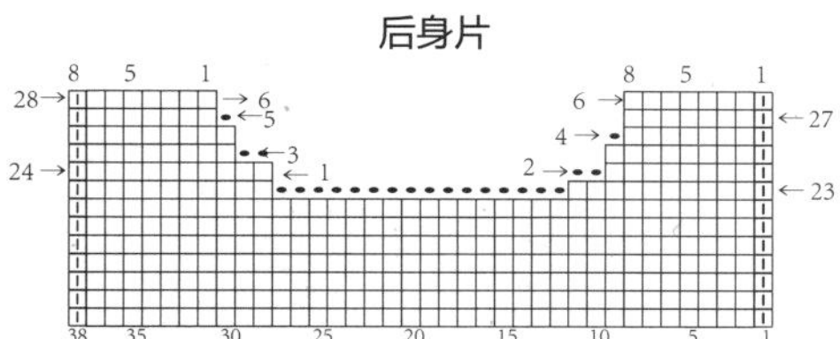
后身片

27

公园的早晨

编织材料・九色鹿珊瑚绒-1303天蓝色-100g
九色鹿韵皮草-1405草绿色-50g
九色鹿金色童年 -白色、红色、藕色、浅黄色各少量

编织工具・5.0mm棒针

编织密度・12针×18行/10cm×10cm

毛衣尺寸・衣长36cm、胸宽33cm、肩宽24cm、袖口16cm

编织要点・首先分别将前、后身片编织好并缝合，缝合时注意花样对齐、平整。然后编织装饰物，将其缝在毛衣上。

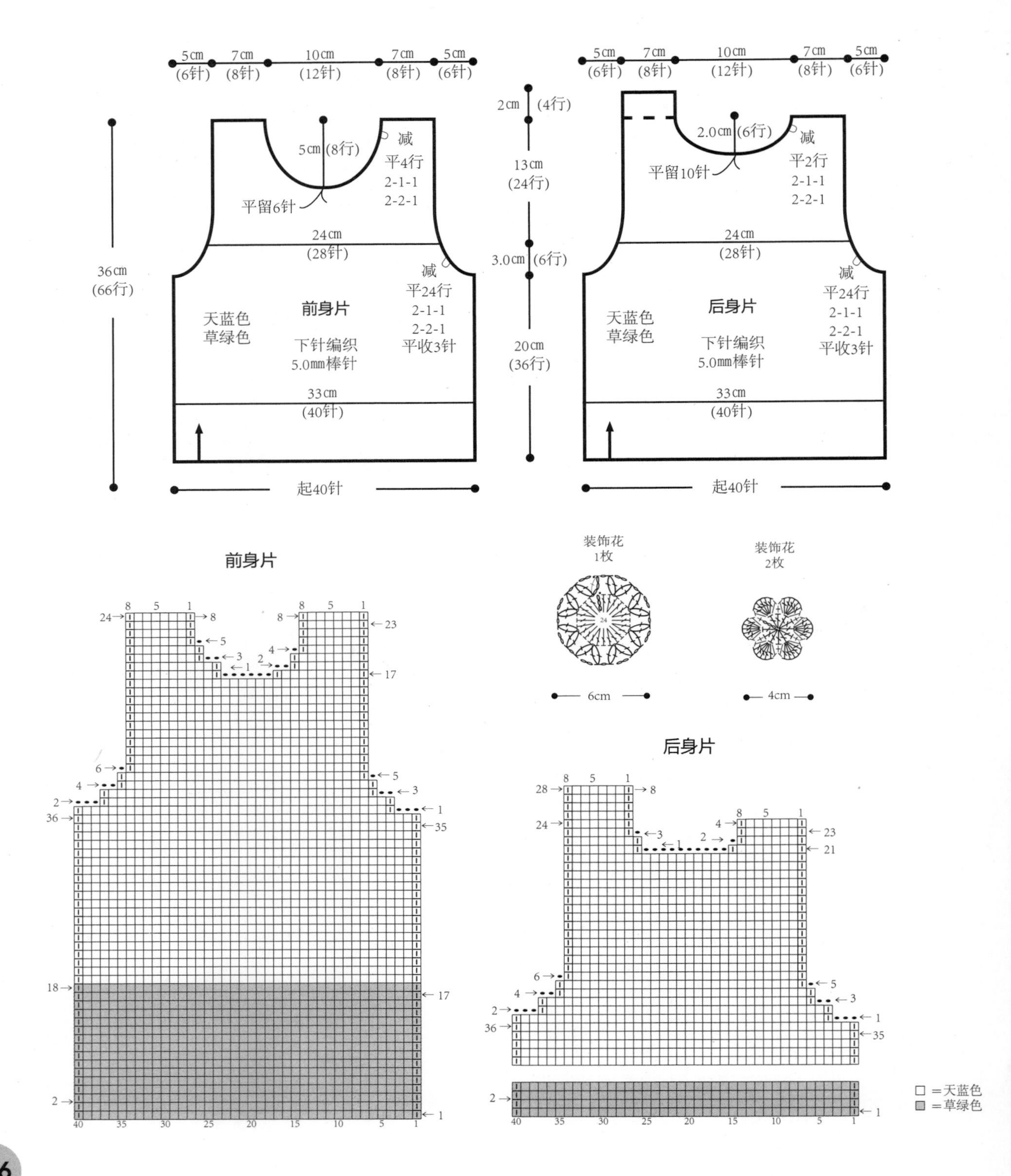

5cm (6针)
7cm (8针)
10cm (12针)
7cm (8针)
5cm (6针)
36cm (66行)
5cm (8行)
平留6针
减
平4行
2-1-1
2-2-1
24cm (28针)
减
平24行
2-1-1
2-2-1
平收3针
天蓝色
草绿色
前身片
下针编织
5.0mm棒针
33cm (40针)
起40针
2cm (4行)
13cm (24行)
3.0cm (6行)
20cm (36行)
2.0cm (6行)
平留10针
平2行
后身片
装饰花
1枚
装饰花
2枚
6cm
4cm
□ =天蓝色
■ =草绿色

28

三彩

编织材料・九色鹿珊瑚绒宝宝线-1310蓝色-100g、1222大红色-200g、1001白色-170g

编织工具・5.5mm棒针

成品尺寸・衣长37cm、胸宽33cm、肩宽23cm、袖长27cm

编织密度・12针×18行/10cm×10cm

编织要点・此款毛衣编织的难点是衣片的缝合，注意花样对齐、平整。首先分别将前、后身片编织好并缝合，缝合时注意花样对齐、平整。接着编织左、右袖片并缝合，缝合时注意花样对齐、平整。最后编织领口缘边。

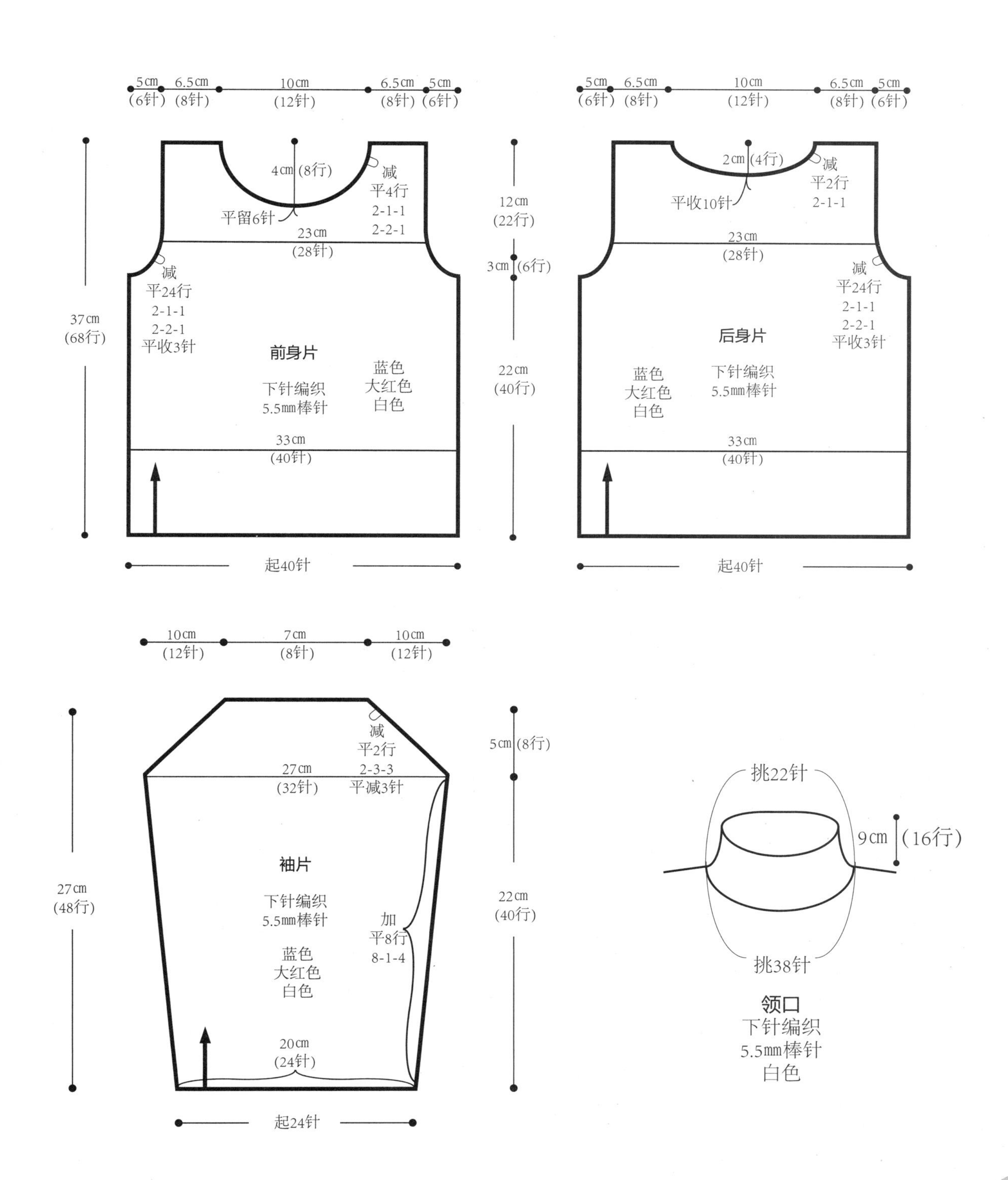

5cm (6针) 6.5cm (8针) 10cm (12针) 6.5cm (8针) 5cm (6针)
4cm (8行)
平留6针
减 平4行 2-1-1 2-2-1
23cm (28针)
37cm (68行)
减 平24行 2-1-1 2-2-1 平收3针
前身片
下针编织 5.5mm棒针
蓝色 大红色 白色
33cm (40针)
起40针
12cm (22行)
3cm (6行)
22cm (40行)
2cm (4行)
平收10针
减 平2行 2-1-1
后身片
下针编织 5.5mm棒针
10cm (12针) 7cm (8针) 10cm (12针)
减 平2行 2-3-3 平减3针
27cm (32针)
5cm (8行)
27cm (48行)
袖片
加 平8行 8-1-4
20cm (24针)
起24针
挑22针
9cm (16行)
挑38针
领口
下针编织
5.5mm棒针
白色

前身片

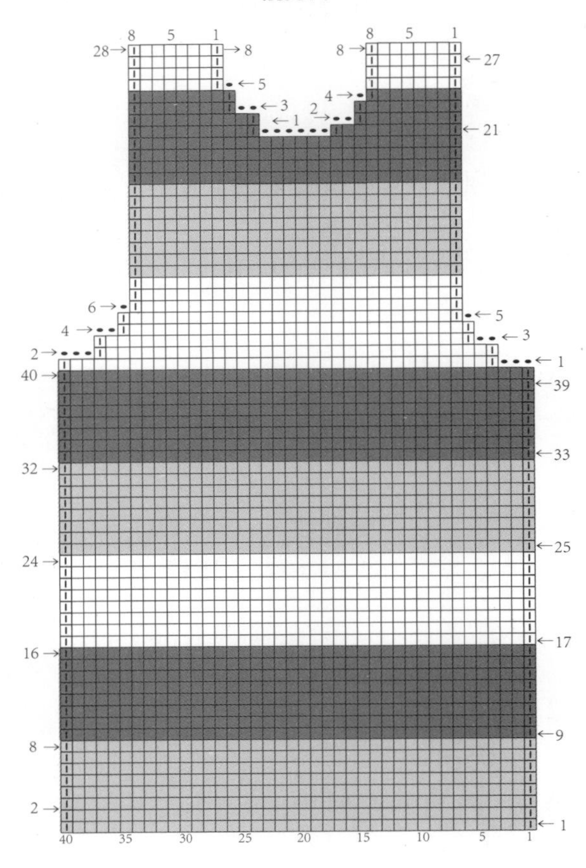

□=白色
■=大红色
■=蓝色

后身片

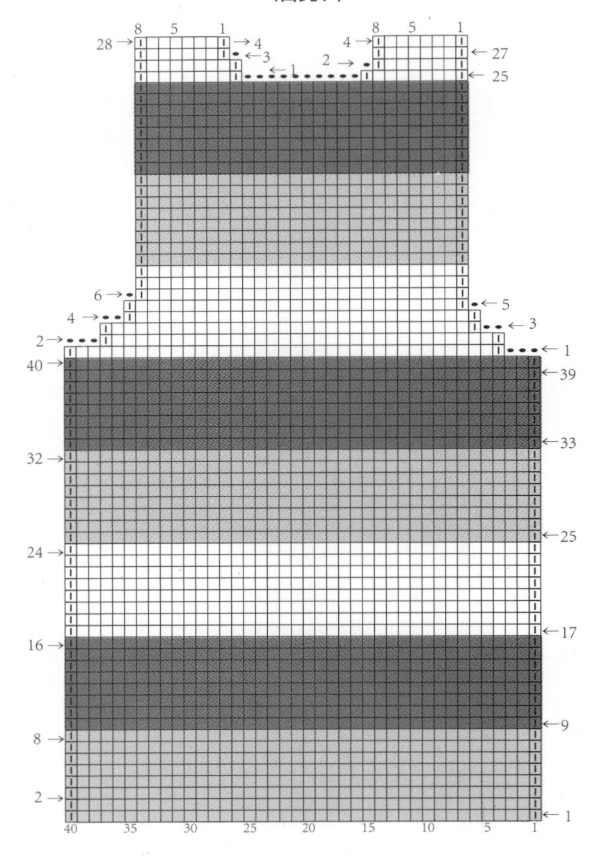

袖片

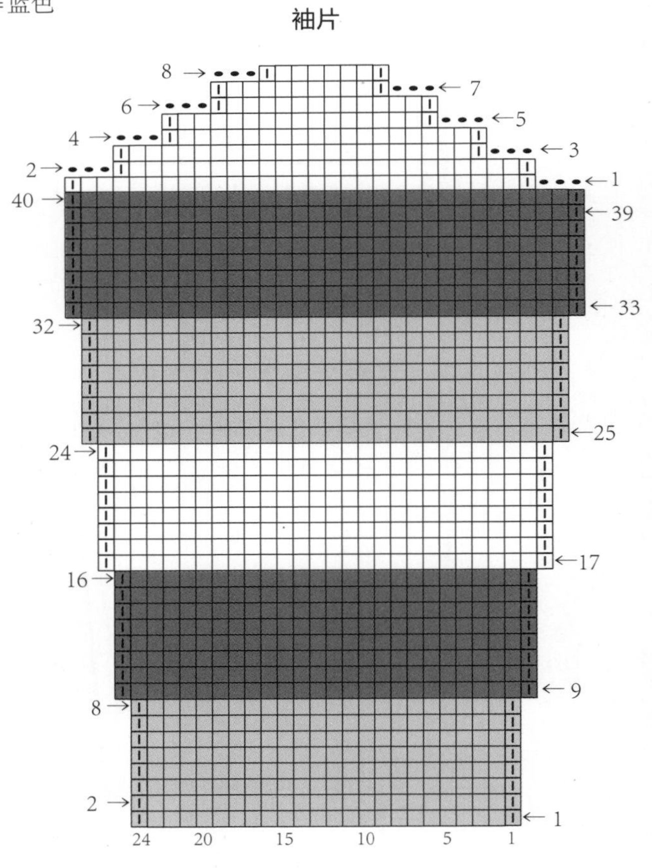

29

苏格兰

编织材料 · 九色鹿珊瑚绒-1003卡其色-200 g（单线）、1303天蓝色-260 g（单线）
九色鹿金色童年-1525棕色-80 g（双线）

编织工具 · 4.5mm棒针、4.0mm棒针

成品尺寸 · 衣长45cm、胸宽35cm、肩宽25cm、袖长31cm

编织要点 · 13针×18行/10cm×10cm

编织要点 · 此款毛衣编织的难点是花样，由于线为绒线，务必要做好标记。首先分别将左前、右前及后身片编织好并缝合。缝合时注意花样对齐、平坦无皱。接着编织左、右袖片并将其与袖窿对应缝合。缝合时注意花样对齐、平坦无皱。再编织左、右前襟，最后编织领口缘边。

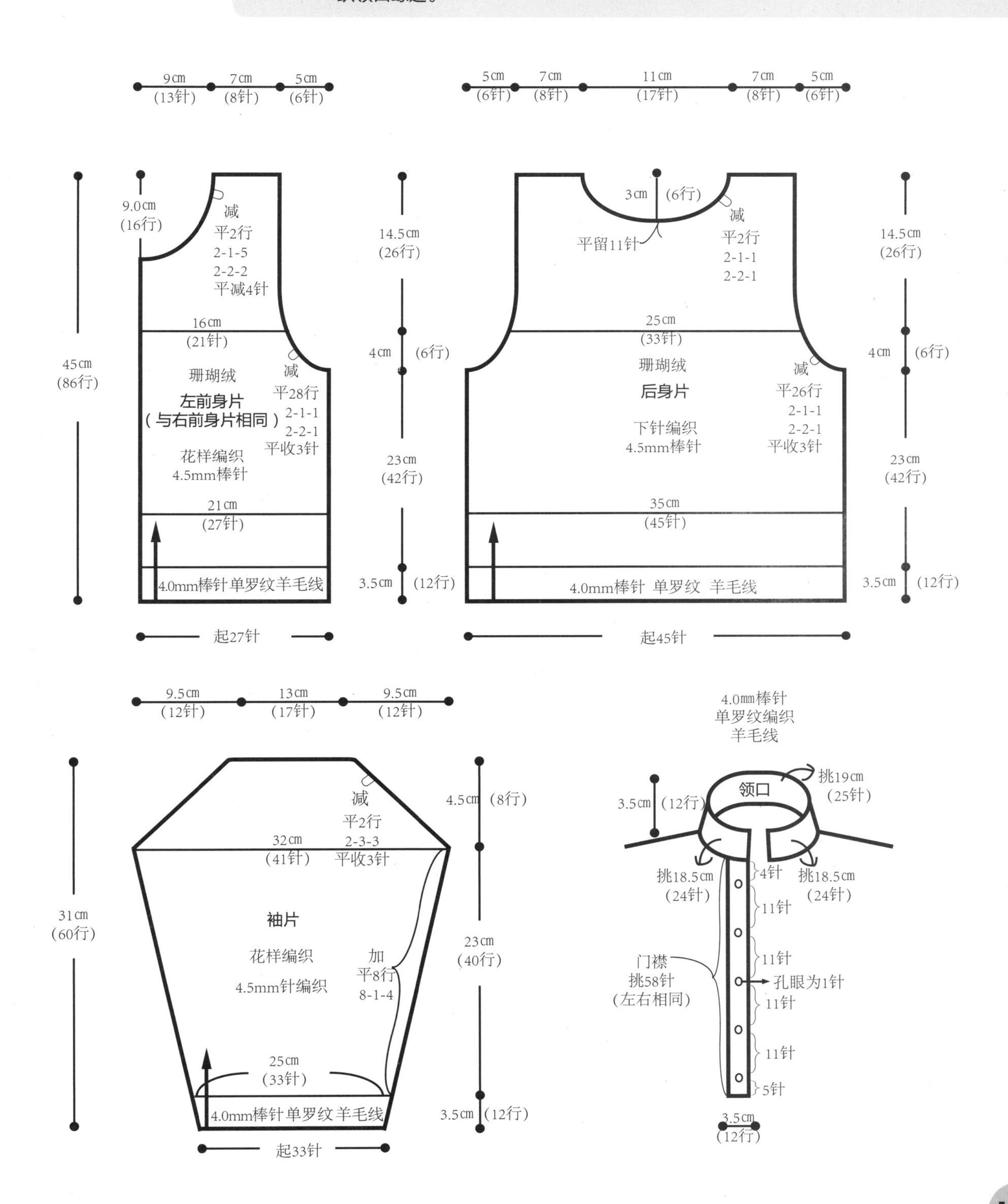

9cm (13针) 7cm (8针) 5cm (6针)
9.0cm (16行)
减
平2行
2-1-5
2-2-2
平减4针
16cm (21针)
45cm (86行)
减
平28行
2-1-1
2-2-1
平收3针
珊瑚绒
左前身片
（与右前身片相同）
花样编织
4.5mm棒针
21cm (27针)
4.0mm棒针单罗纹羊毛线
起27针
14.5cm (26行)
4cm (6行)
23cm (42行)
3.5cm (12行)
5cm (6针) 7cm (8针) 11cm (17针) 7cm (8针) 5cm (6针)
3cm (6行)
平留11针
减
平2行
2-1-1
2-2-1
25cm (33针)
珊瑚绒
后身片
下针编织
4.5mm棒针
减
平26行
2-1-1
2-2-1
平收3针
35cm (45针)
4.0mm棒针 单罗纹 羊毛线
起45针
14.5cm (26行)
4cm (6行)
23cm (42行)
3.5cm (12行)
9.5cm (12针) 13cm (17针) 9.5cm (12针)
31cm (60行)
减
平2行
2-3-3
平收3针
32cm (41针)
袖片
花样编织
4.5mm针编织
加
平8行
8-1-4
25cm (33针)
4.0mm棒针单罗纹羊毛线
起33针
4.5cm (8行)
23cm (40行)
3.5cm (12行)
4.0mm棒针
单罗纹编织
羊毛线
领口
挑19cm (25针)
3.5cm (12行)
挑18.5cm (24针)
挑18.5cm (24针)
4针
11针
11针
孔眼为1针
11针
11针
5针
门襟
挑58针
(左右相同)
3.5cm (12行)

后身片

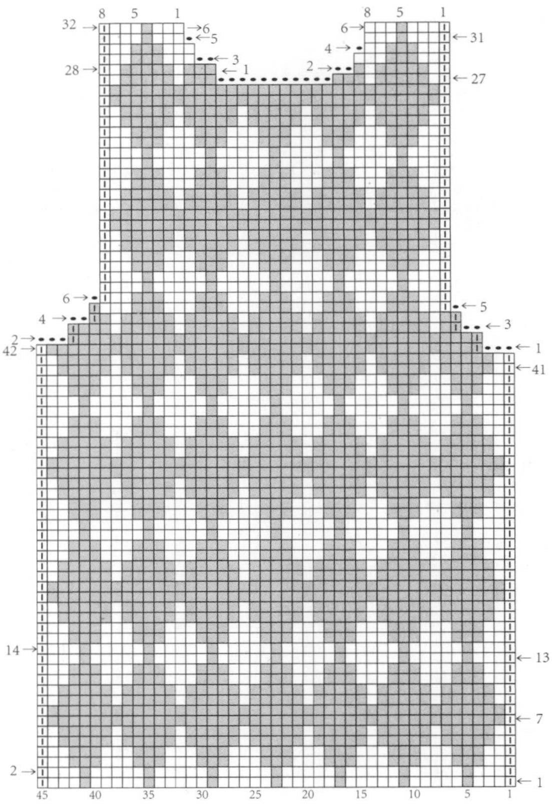
8 5 1
8 5 1
32 →
28 →
6 →
4 →
2 →
42 →
14 →
2 →
← 6
← 5
← 3
← 1
4 →
2 →
6 →
← 31
← 27
← 5
← 3
← 1
← 41
← 13
← 7
← 1
45 40 35 30 25 20 15 10 5 1

袖片

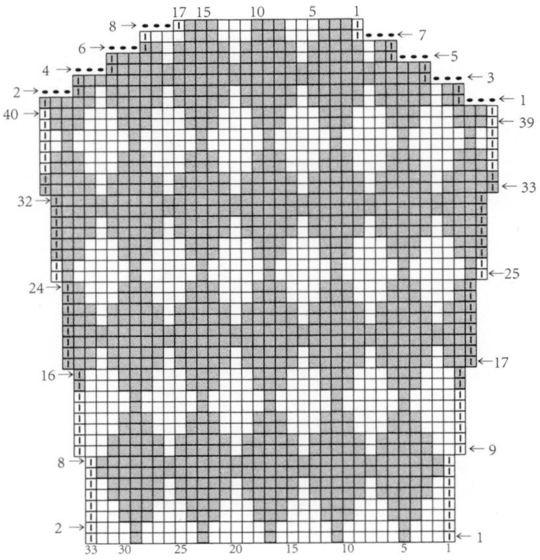
17 15 10 5 1
8 →
6 →
4 →
2 →
40 →
32 →
24 →
16 →
8 →
2 →
← 7
← 5
← 3
← 1
← 39
← 33
← 25
← 17
← 9
← 1
33 30 25 20 15 10 5 1

右前身片

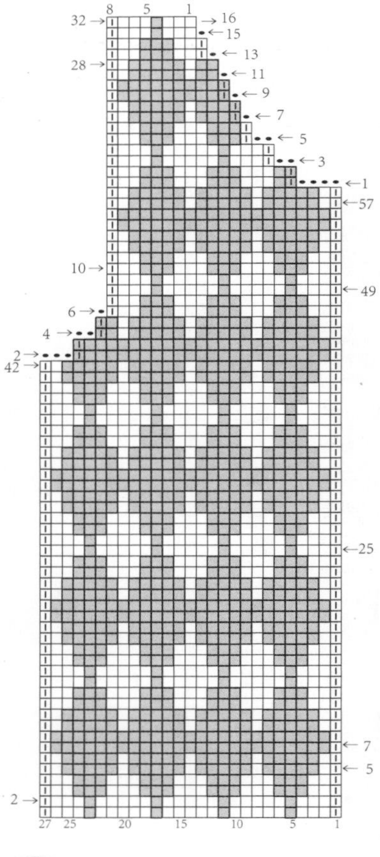
8 5 1
32 →
28 →
10 →
6 →
4 →
2 →
42 →
2 →
← 16
← 15
← 13
← 11
← 9
← 7
← 5
← 3
← 1
← 57
← 49
← 25
← 7
← 5
27 25 20 15 10 5 1

左前身片

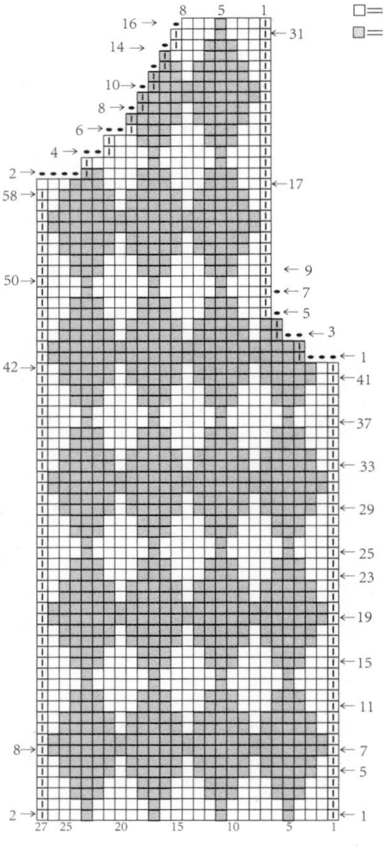
8 5 1
16 →
14 →
10 →
8 →
6 →
4 →
2 →
58 →
50 →
42 →
8 →
2 →
← 31
← 17
← 9
← 7
← 5
← 3
← 1
← 41
← 37
← 33
← 29
← 25
← 23
← 19
← 15
← 11
← 7
← 5
← 1
27 25 20 15 10 5 1

□=卡其色
■=天蓝色

30 塞娅公主

编织材料 · 九色鹿金色童年-1525棕色-200g
九色鹿韵皮草-1316宝蓝色-200g

编织工具 · 4.0mm棒针、4.5mm棒针

成品尺寸 · 衣长37.5cm、胸宽31cm、肩宽24cm、袖长21cm

编织密度 · 18针×24行/10cm×10cm

编织要点 · 此款毛衣编织的难点是花样，要注意手劲松紧均匀。首先分别将前、后身片编织好并缝合（注意留下摆侧缝的位置不用缝合），接着编织左、右袖片并缝合，缝合时注意花样对齐、平整。最后编织领口缘边。

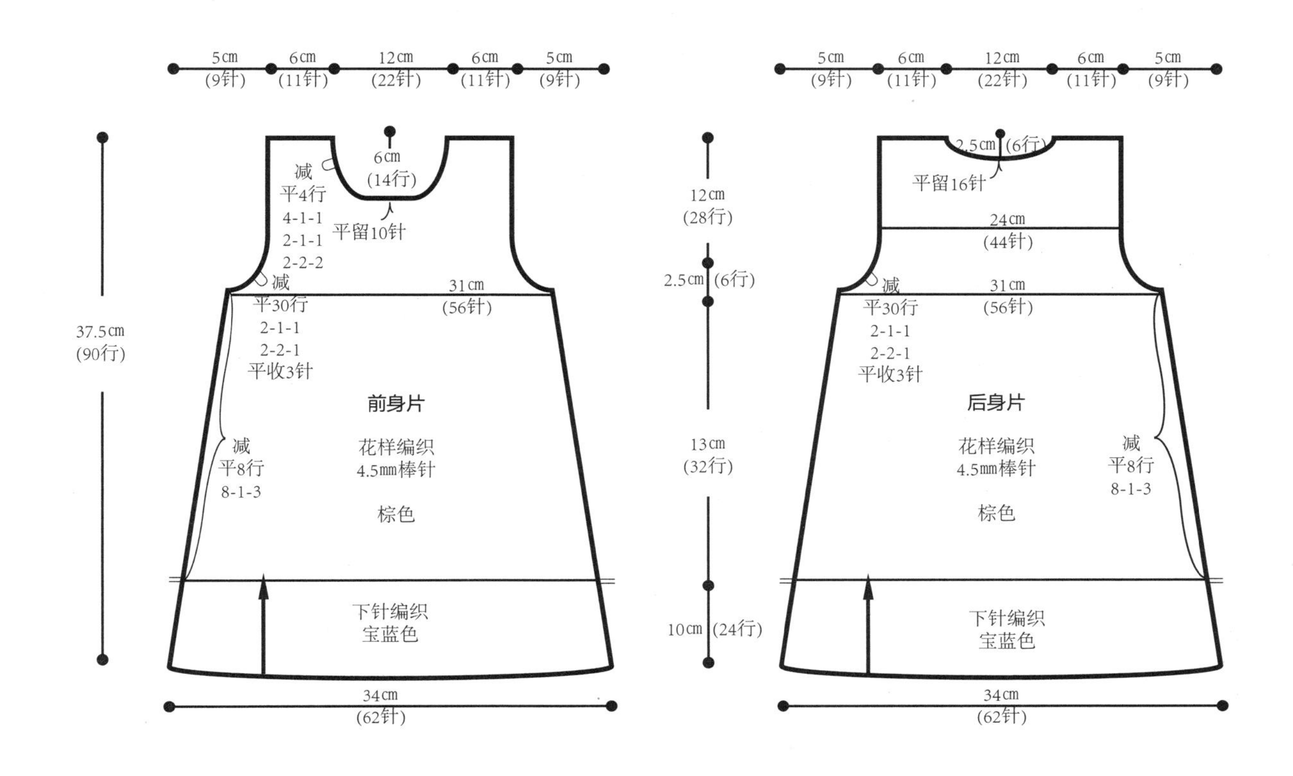

5cm (9针) 6cm (11针) 12cm (22针) 6cm (11针) 5cm (9针)
6cm (14行)
减
平4行
4-1-1
2-1-1
2-2-2
平留10针
37.5cm (90行)
减
平30行
2-1-1
2-2-1
平收3针
31cm (56针)
前身片
花样编织
4.5mm棒针
棕色
减
平8行
8-1-3
下针编织
宝蓝色
34cm (62针)
5cm (9针) 6cm (11针) 12cm (22针) 6cm (11针) 5cm (9针)
2.5cm (6行)
平留16针
12cm (28行)
24cm (44针)
2.5cm (6行)
减
平30行
2-1-1
2-2-1
平收3针
31cm (56针)
后身片
花样编织
4.5mm棒针
棕色
13cm (32行)
减
平8行
8-1-3
10cm (24行)
下针编织
宝蓝色
34cm (62针)

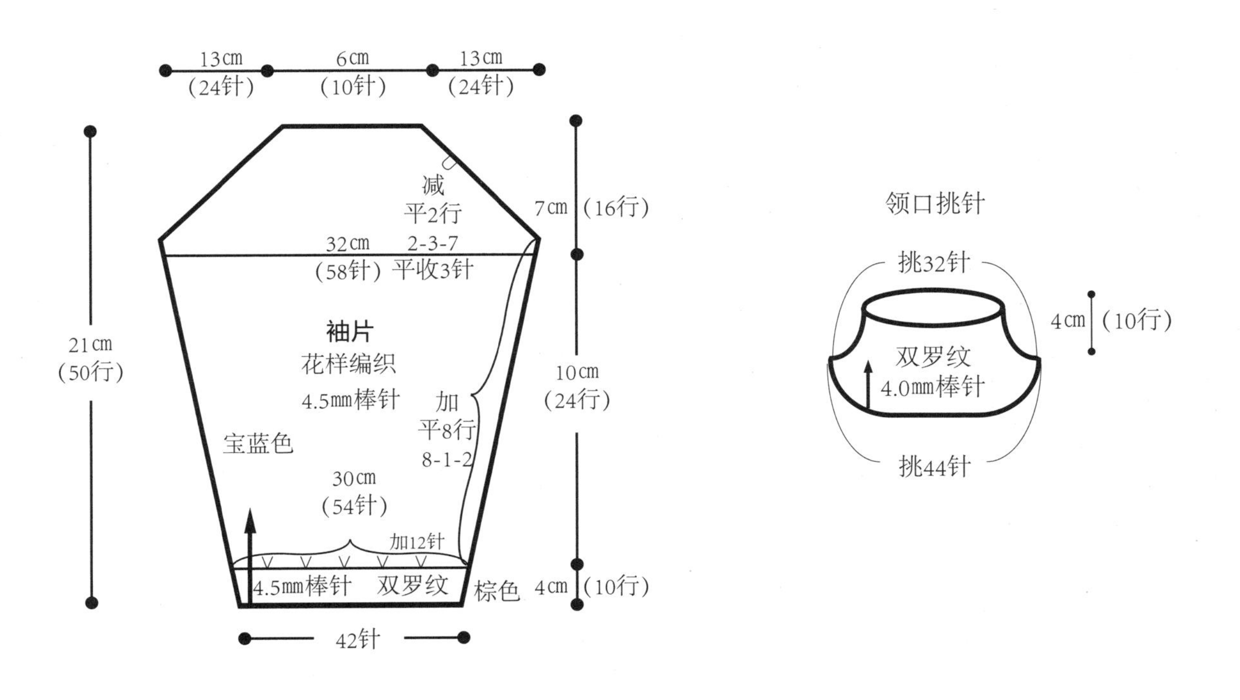

13cm (24针) 6cm (10针) 13cm (24针)
减
平2行
2-3-7
平收3针
7cm (16行)
32cm (58针)
21cm (50行)
袖片
花样编织
4.5mm棒针
宝蓝色
加
平8行
8-1-2
10cm (24行)
30cm (54针)
加12针
4.5mm棒针 双罗纹
棕色
4cm (10行)
42针
领口挑针
挑32针
4cm (10行)
双罗纹
4.0mm棒针
挑44针

袖片

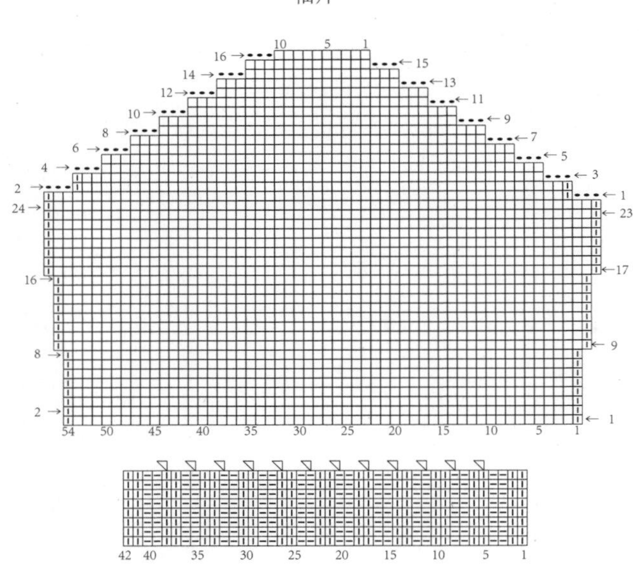

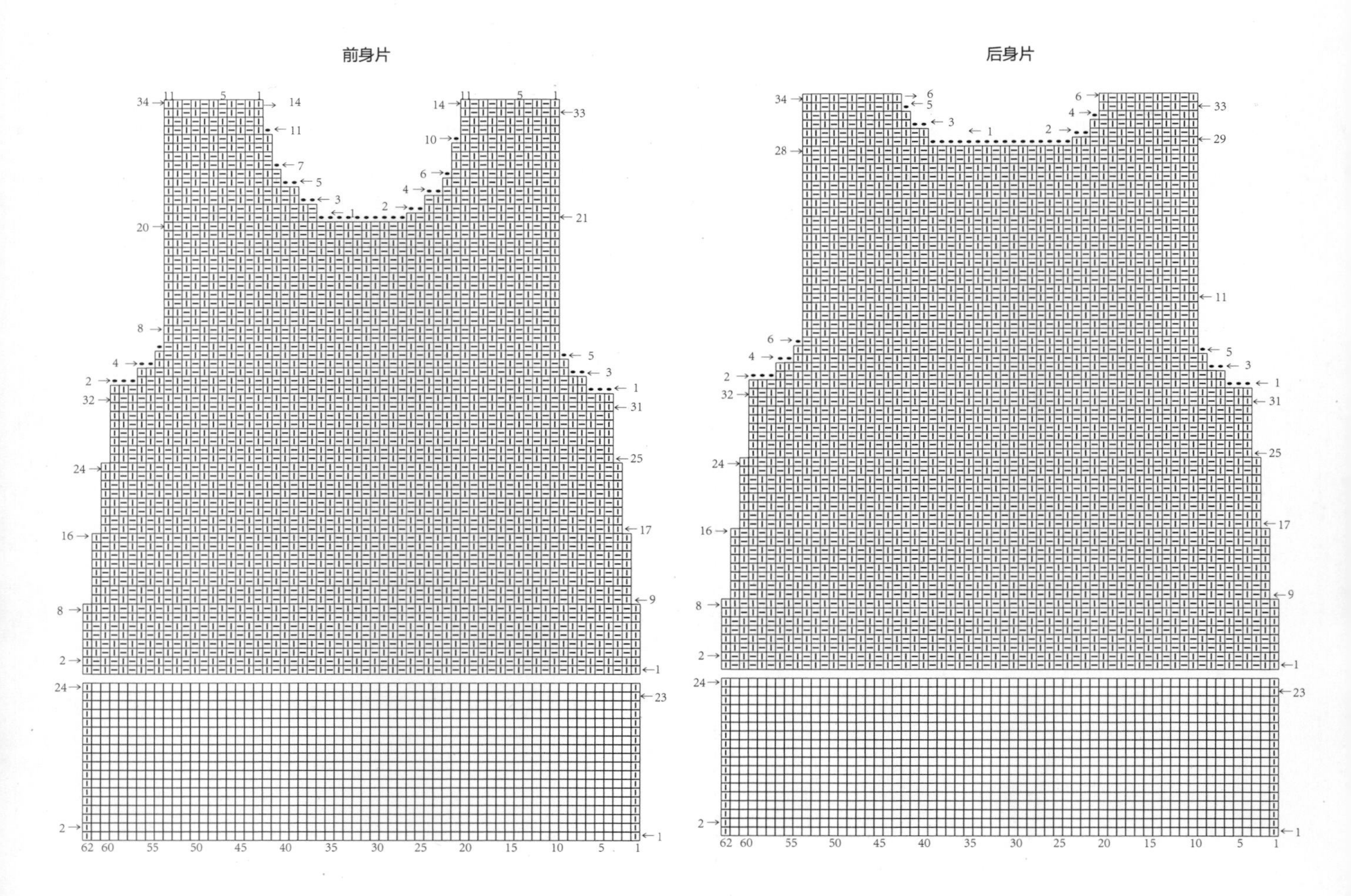
前身片
后身片

31

菱形背心

编织材料·九色鹿金色童年-1001白色-250g，黄色、蓝色、橙色少量

编织工具·3.5mm棒针

编织密度·24针×32行/10cm×10cm

毛衣尺寸·衣长35.5cm、胸宽30cm、肩宽23cm、袖口15cm

编织要点·此款毛衣编织的难点是花样，注意色线变化的规律。首先分别将前、后身片编织好并缝合，缝合时注意花样对齐、平整。接着编织左、右袖口缘边，最后编织领口缘边。

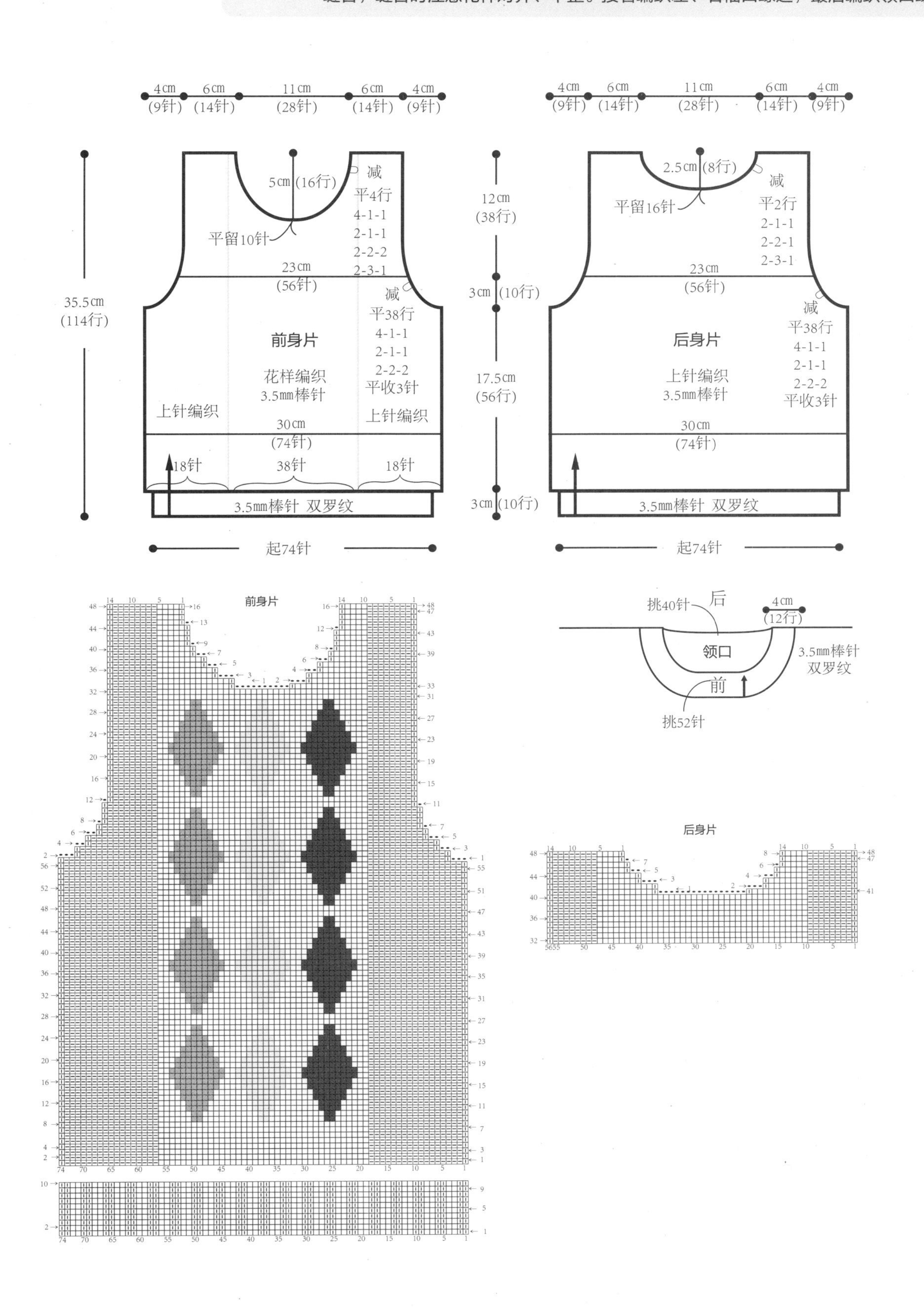
4cm (9针) 6cm (14针) 11cm (28针) 6cm (14针) 4cm (9针)
5cm (16行)
平留10针
减 平4行 4-1-1 2-1-1 2-2-2 2-3-1
23cm (56针)
减 平38行 4-1-1 2-1-1 2-2-2 平收3针
35.5cm (114行)
前身片
花样编织 3.5mm棒针
上针编织
30cm (74针)
18针 38针 18针
3.5mm棒针 双罗纹
起74针
12cm (38行)
3cm (10行)
17.5cm (56行)
3cm (10行)
2.5cm (8行)
平留16针
减 平2行 2-1-1 2-2-1 2-3-1
后身片
上针编织 3.5mm棒针
挑40针
后
4cm (12行)
领口
3.5mm棒针 双罗纹
前
挑52针

32

小甜心

编织材料·九色鹿金色童年-1001白色-200 g、1316蓝色-30 g
编织工具·3.25mm棒针、3.0mm棒针
成品尺寸·衣长33cm、胸宽26cm、袖肩宽40.5cm
编织密度·25针×32行/10cm×10cm
编织要点·此款毛衣编织的难点是花样和肋下加针。首先按编织图将前身片与后身片编织好并缝合（花样建议分区、分线编织），缝合时注意肋下花样平坦、无皱。接着编织袖口。最后编织领口缘边。

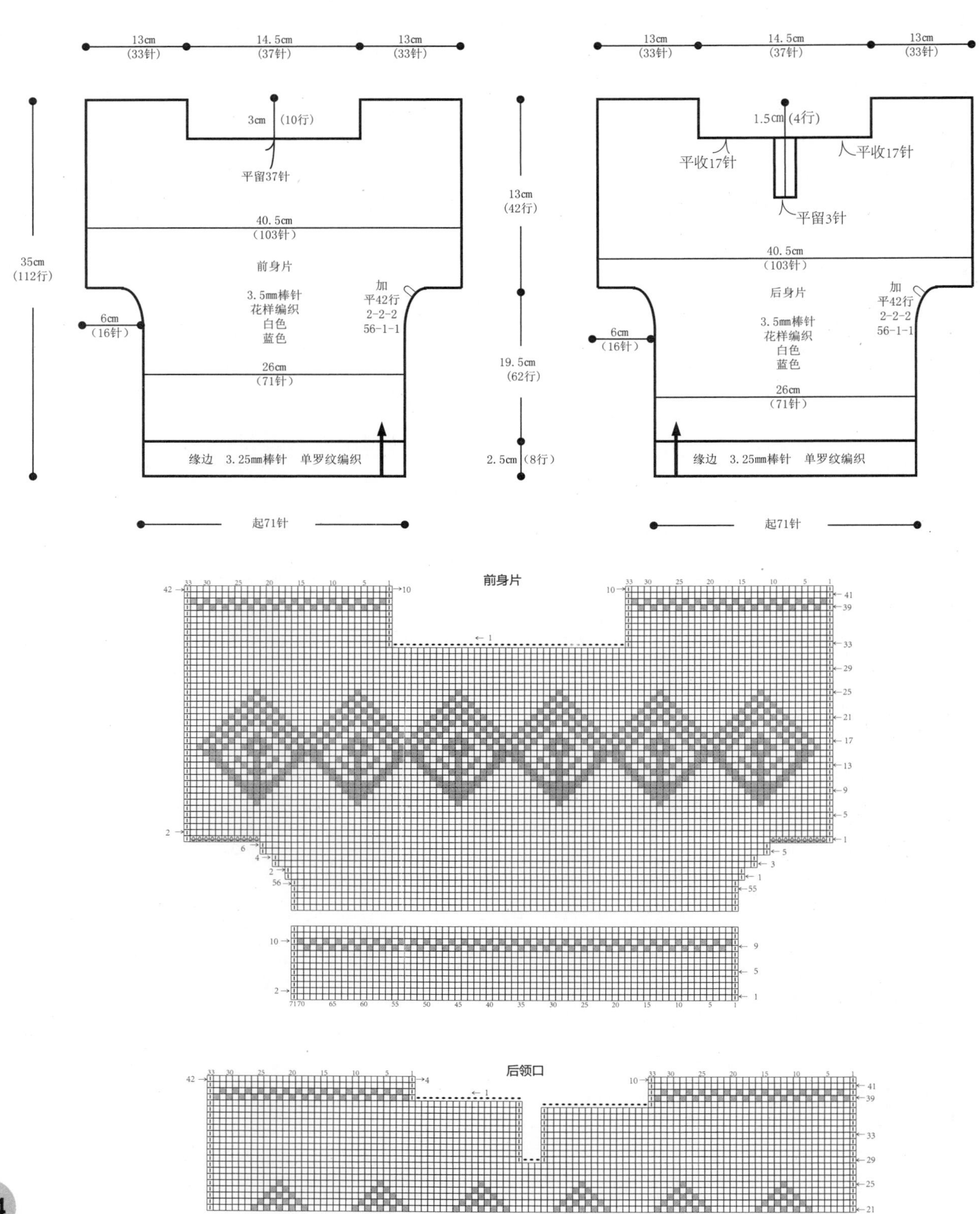

13cm (33针)
14.5cm (37针)
13cm (33针)
3cm (10行)
平留37针
40.5cm (103针)
前身片
3.5mm棒针
花样编织
白色
蓝色
加
平42行
2-2-2
56-1-1
35cm (112行)
6cm (16针)
26cm (71针)
缘边 3.25mm棒针 单罗纹编织
起71针
13cm (42行)
19.5cm (62行)
2.5cm (8行)
1.5cm (4行)
平收17针
平收17针
平留3针
后身片
前身片
后领口

33

英格兰

编织材料 · 九色鹿珊瑚绒宝宝线-1222红色-30 g、1001白色-20 g、1310蓝色-350 g
九色鹿金色童年-1316蓝色-50 g（双线）

编织工具 · 4.5mm棒针、4.0mm棒针

成品尺寸 · 衣长39cm、胸宽36cm、肩宽25cm、袖长39cm

编织密度 · 13针×22行/10cm×10cm

编织要点 · 此款毛衣编织的难点是花样，由于线为绒线，务必要做好标记。首先分别将左前、右前及后身片编织好并缝合。缝合时注意花样对齐、平坦无皱。接着编织左、右袖片并将其与对应袖窿缝合。缝合时注意花样对齐、平坦无皱。再编织领口缘边。最后将拉链对应左、右前襟缝合。

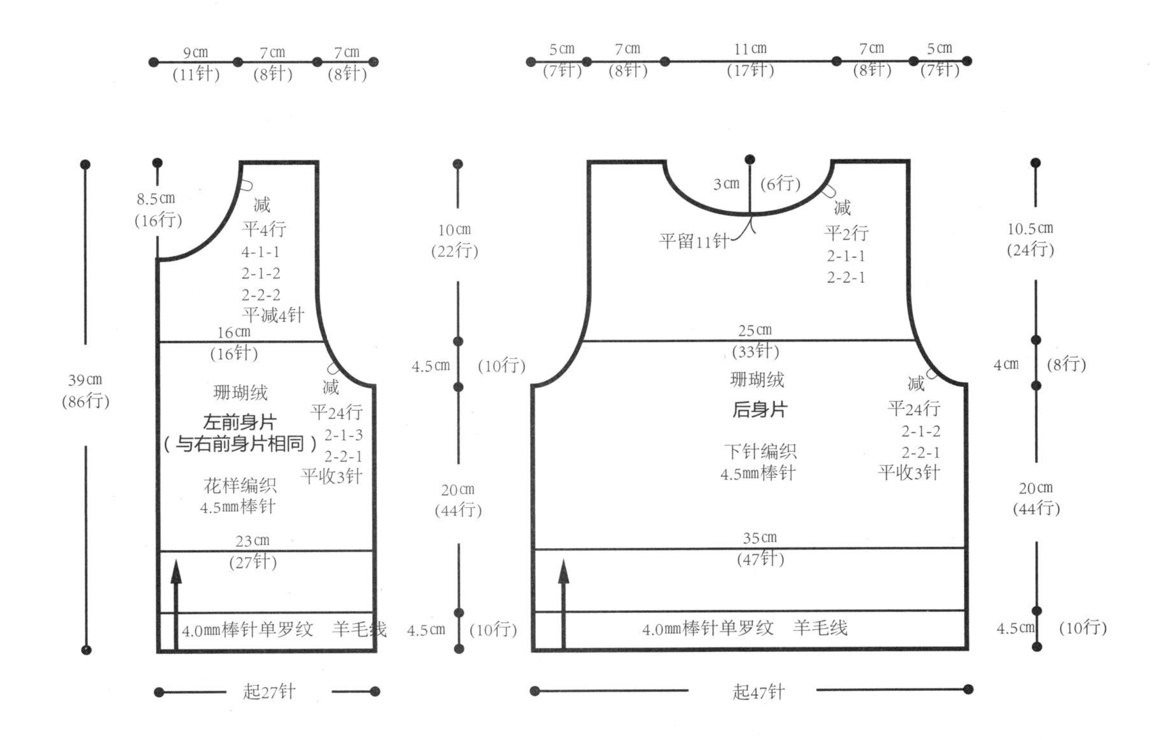

9cm (11针) 7cm (8针) 7cm (8针)
8.5cm (16行)
减
平4行
4-1-1
2-1-2
2-2-2
平减4针
16cm (16针)
39cm (86行)
珊瑚绒
左前身片
（与右前身片相同）
减
平24行
2-1-3
2-2-1
平收3针
花样编织
4.5mm棒针
23cm (27针)
4.0mm棒针单罗纹 羊毛线
起27针
5cm (7针) 7cm (8针) 11cm (17针) 7cm (8针) 5cm (7针)
10cm (22行)
4.5cm (10行)
20cm (44行)
4.5cm (10行)
3cm (6行)
平留11针
减
平2行
2-1-1
2-2-1
25cm (33针)
珊瑚绒
后身片
下针编织
4.5mm棒针
减
平24行
2-1-2
2-2-1
平收3针
35cm (47针)
4.0mm棒针单罗纹 羊毛线
起47针
10.5cm (24行)
4cm (8行)
20cm (44行)
4.5cm (10行)

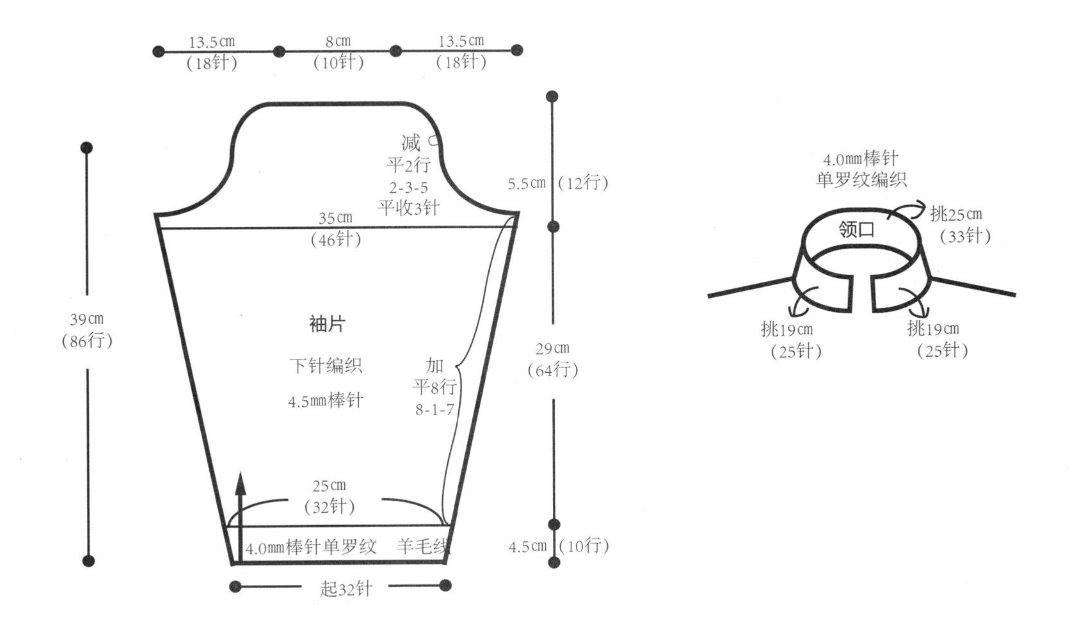

13.5cm (18针) 8cm (10针) 13.5cm (18针)
减
平2行
2-3-5
平收3针
35cm (46针)
39cm (86行)
袖片
下针编织
4.5mm棒针
加
平8行
8-1-7
25cm (32针)
4.0mm棒针单罗纹 羊毛线
起32针
5.5cm (12行)
29cm (64行)
4.5cm (10行)
4.0mm棒针
单罗纹编织
领口
挑25cm (33针)
挑19cm (25针)
挑19cm (25针)

右前身片　　左前身片

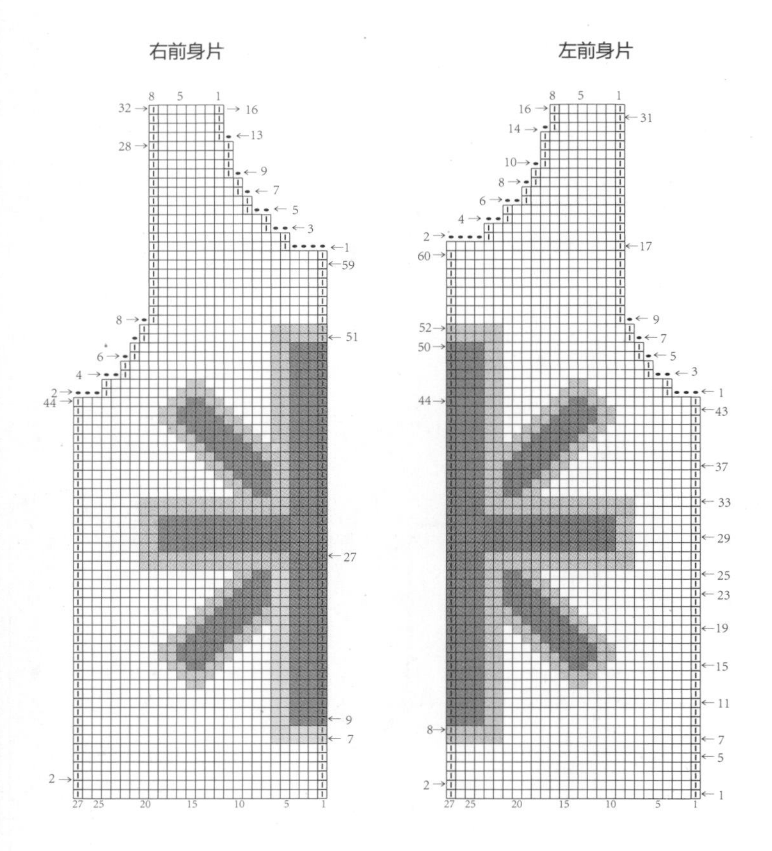

右前身片
左前身片

袖片

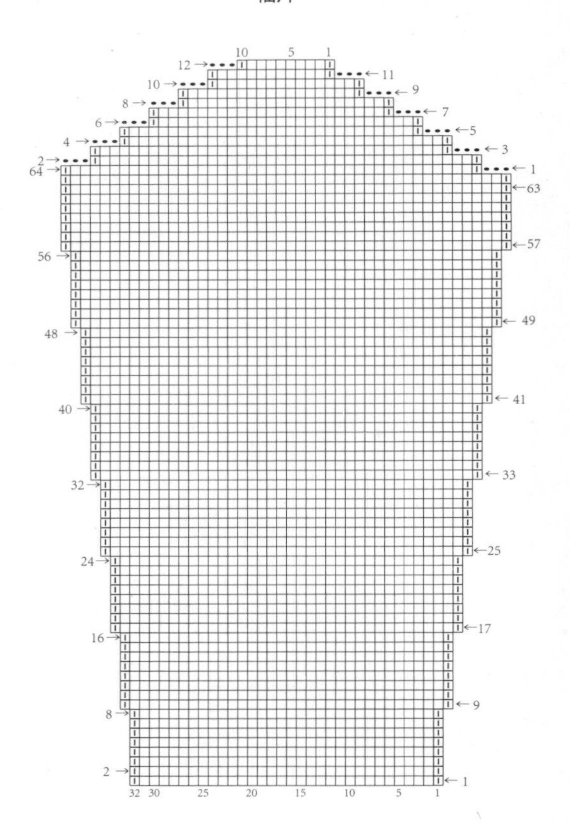

袖片

后身片

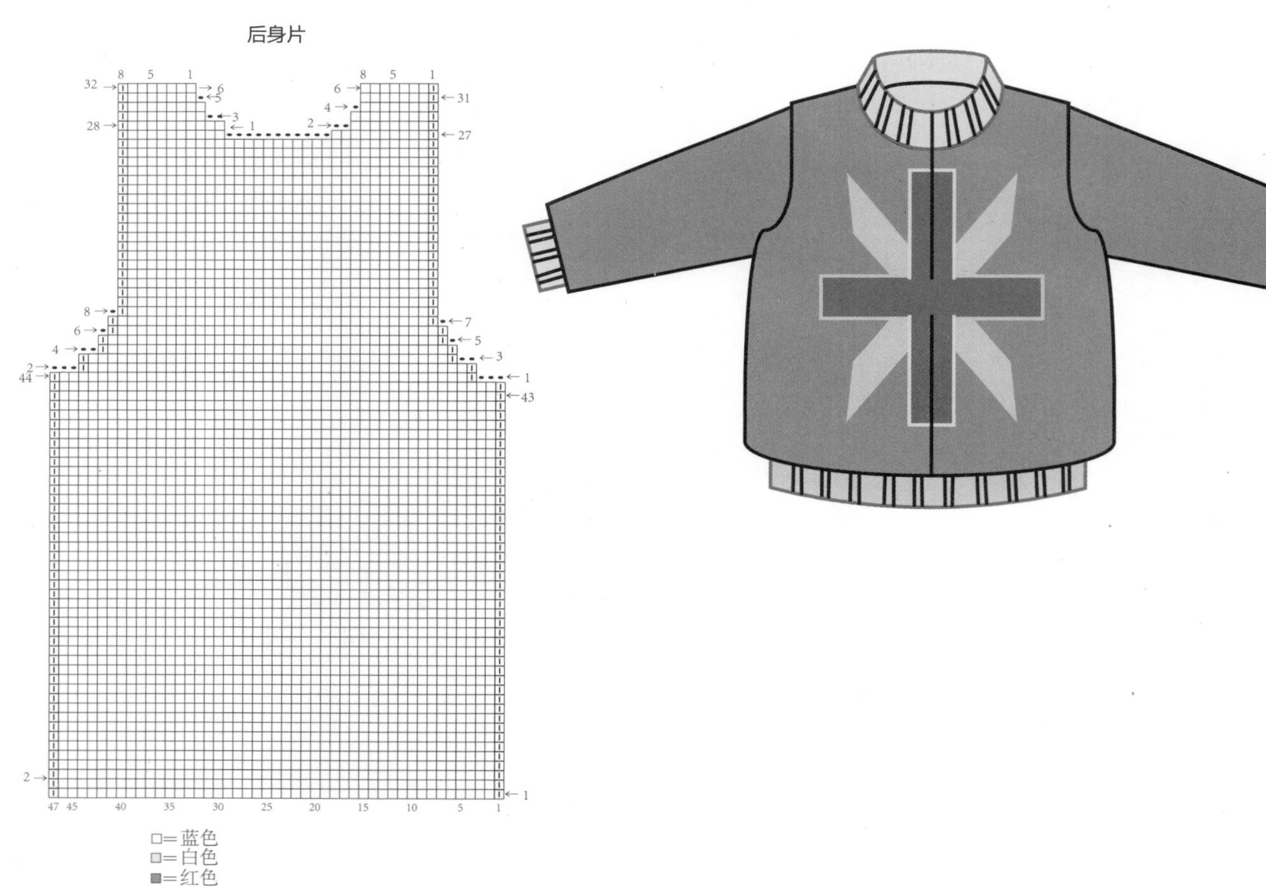

后身片

□=蓝色
▨=白色
■=红色

34

安静的小绅士

编织材料 · 九色鹿新生儿专用线-1020粉玉色-50g、1001白色-50g、1056蓝色-50g
编织工具 · 2.5mm棒针
成品尺寸 · 衣长34.5cm、胸宽28.5cm、肩宽20cm、袖口13.5cm
编织密度 · 32针×42行/10cm×10cm
编织要点 · 此款毛衣编织的难点是领口。首先分别将前、后身片编织好并缝合，缝合时（除旁襟不缝合）注意花样对齐、平整。接着编织左、右袖片并缝合，缝合时注意花样对齐、平整。最后编织领口缘边。

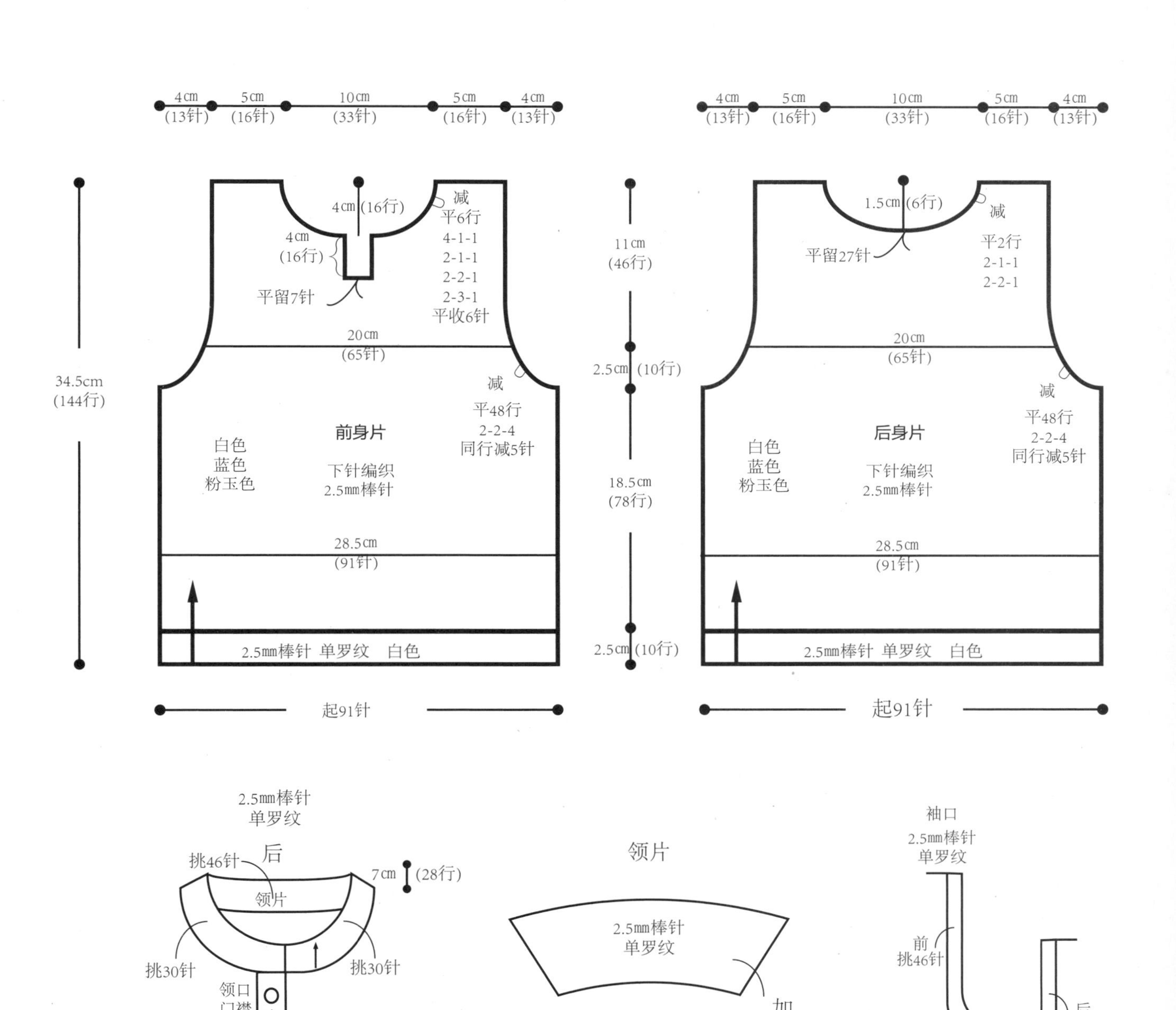

4cm (13针)
5cm (16针)
10cm (33针)
5cm (16针)
4cm (13针)
4cm (16行)
4cm (16行)
平留7针
减
平6行
4-1-1
2-1-1
2-2-1
2-3-1
平收6针
20cm (65针)
34.5cm (144行)
减
平48行
2-2-4
同行减5针
白色
蓝色
粉玉色
前身片
下针编织
2.5mm棒针
28.5cm (91针)
2.5mm棒针 单罗纹 白色
起91针
11cm (46行)
2.5cm (10行)
18.5cm (78行)
2.5cm (10行)
1.5cm (6行)
平留27针
减
平2行
2-1-1
2-2-1
后身片
2.5mm棒针
单罗纹
挑46针
后
7cm (28行)
领片
挑30针
挑30针
领口
门襟
2.5cm (10行)
领片
2.5mm棒针
单罗纹
加
平4行
4-1-5
袖口
2.5mm棒针
单罗纹
前
挑46针
后
挑44针

后领

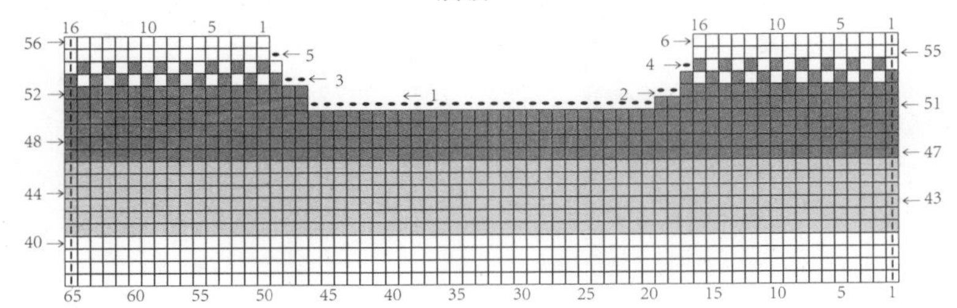

前身片

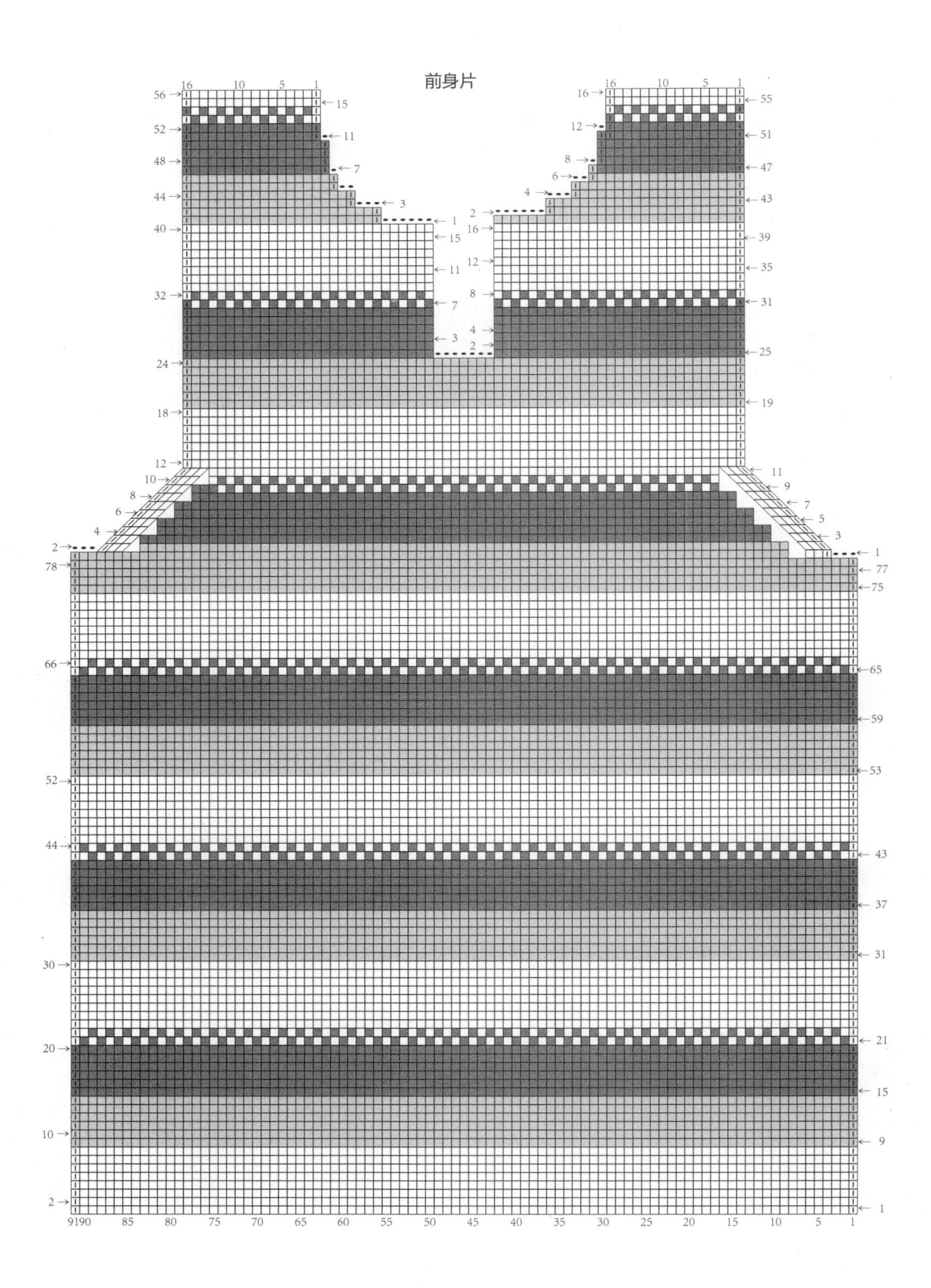

35
凯茜

编织材料·九色鹿韵皮草-1210玫红色-150g、1206粉红色-100g、1316宝蓝色-200g、

编织工具·4.5mm棒针、4.0mm钩针

编织密度·16针×20行/10cm×10cm

成品尺寸·衣长39cm、胸宽32cm、肩宽24cm、袖口19cm

编织要点·此款毛衣编织的难点是花样。首先分别将前、后身片编织好并缝合，缝合时注意花样对齐、平整。然后编织左、右袖口缘边及领口缘边。

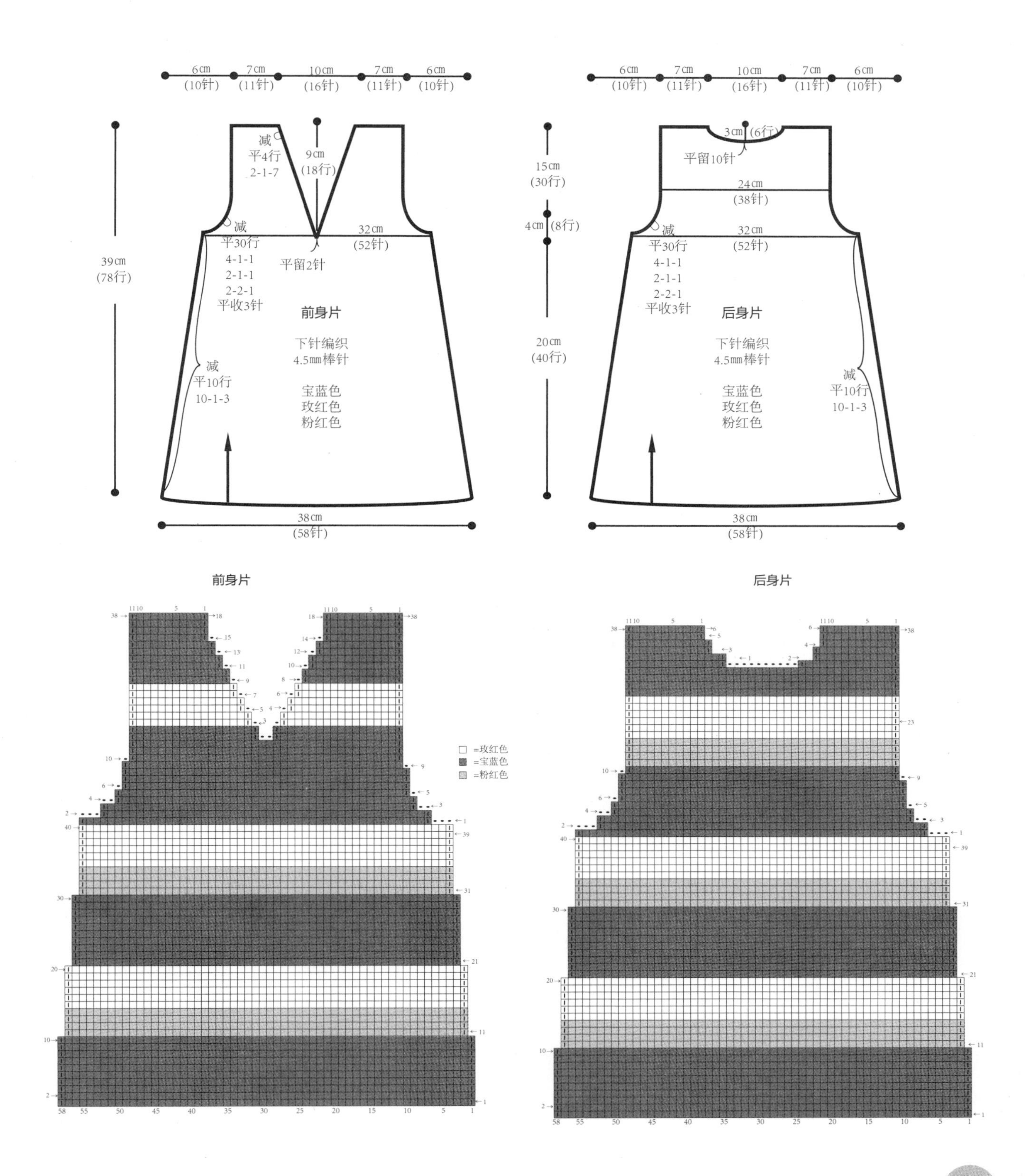
6cm (10针) 7cm (11针) 10cm (16针) 7cm (11针) 6cm (10针)
减 平4行 2-1-7
9cm (18行)
39cm (78行)
减 平30行 4-1-1 2-1-1 2-2-1 平收3针
32cm (52针)
平留2针
前身片
下针编织 4.5mm棒针
宝蓝色 玫红色 粉红色
减 平10行 10-1-3
38cm (58针)
3cm (6行)
平留10针
15cm (30行)
24cm (38针)
4cm (8行)
后身片
20cm (40行)
=玫红色
=宝蓝色
=粉红色

36

红梅韵

编织材料 · 九色鹿珊瑚绒宝宝线-1003浅卡其-100g
九色鹿韵皮草-1210玫红色-60g、1206粉红色-少量

编织工具 · 5.5mm棒针

成品尺寸 · 衣长43cm、胸宽30cm、肩宽26cm、袖口15cm

编织密度 · 13针×17行/10cm×10cm

编织要点 · 此款毛衣编织的难点是花样。首先分别将前、后身片编织好并缝合，缝合时注意花样对齐、平整。然后编织领口、袖口缘边。

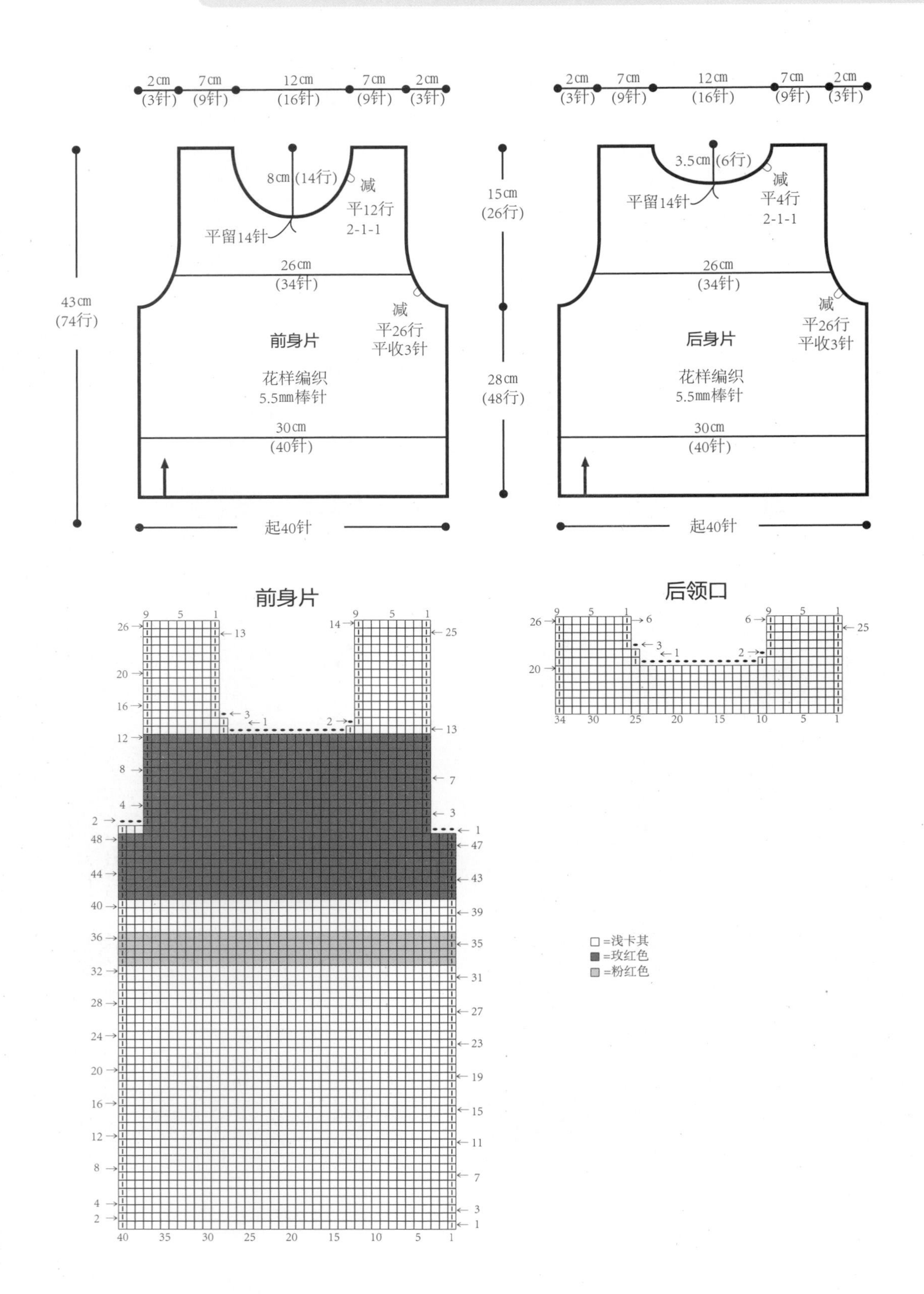

2cm (3针) 7cm (9针) 12cm (16针) 7cm (9针) 2cm (3针)
8cm (14行)
减
平12行
2-1-1
平留14针
26cm (34针)
43cm (74行)
减
平26行
平收3针
前身片
花样编织
5.5mm棒针
30cm (40针)
起40针
15cm (26行)
28cm (48行)
3.5cm (6行)
平留14针
减
平4行
2-1-1
后身片
后领口
□=浅卡其
■=玫红色
▨=粉红色

37
晚霞

编织材料·九色鹿金色童年-1225枣红色-100g、1206藕色-50g
九色鹿新生儿专用线-1601灰色-100g

编织工具·3.5mm钩针

成品尺寸·衣长30.5cm、下摆围长180cm

编织要点·此款毛衣编织的难点是花样，要注意手劲松紧适当。首先从花样1开始编织至AB行（即编织完花样1）后将片块合拢向上圈织至结束。接着编织领口缘边花样，最后编织装饰襟边。

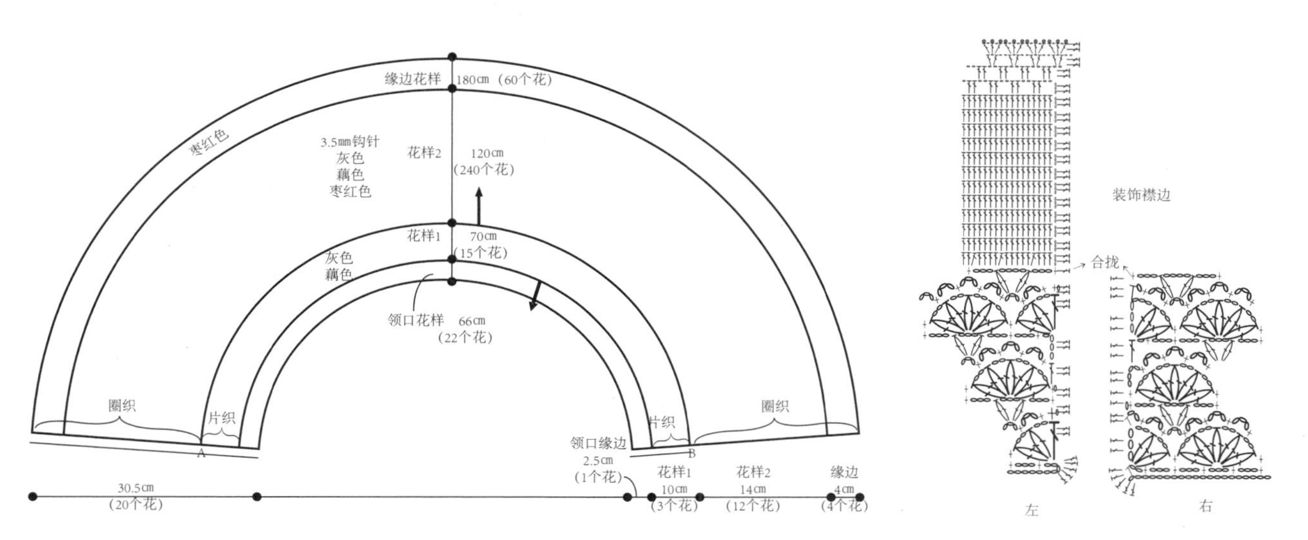
缘边花样
180cm（60个花）
枣红色
3.5mm钩针
灰色
藕色
枣红色
花样2
120cm
（240个花）
花样1
70cm
（15个花）
灰色
藕色
领口花样
66cm
（22个花）
圈织
片织
A
领口缘边
2.5cm
（1个花）
片织
B
圈织
30.5cm
（20个花）
花样1
10cm
（3个花）
花样2
14cm
（12个花）
缘边
4cm
（4个花）
装饰襟边
合拢
左
右

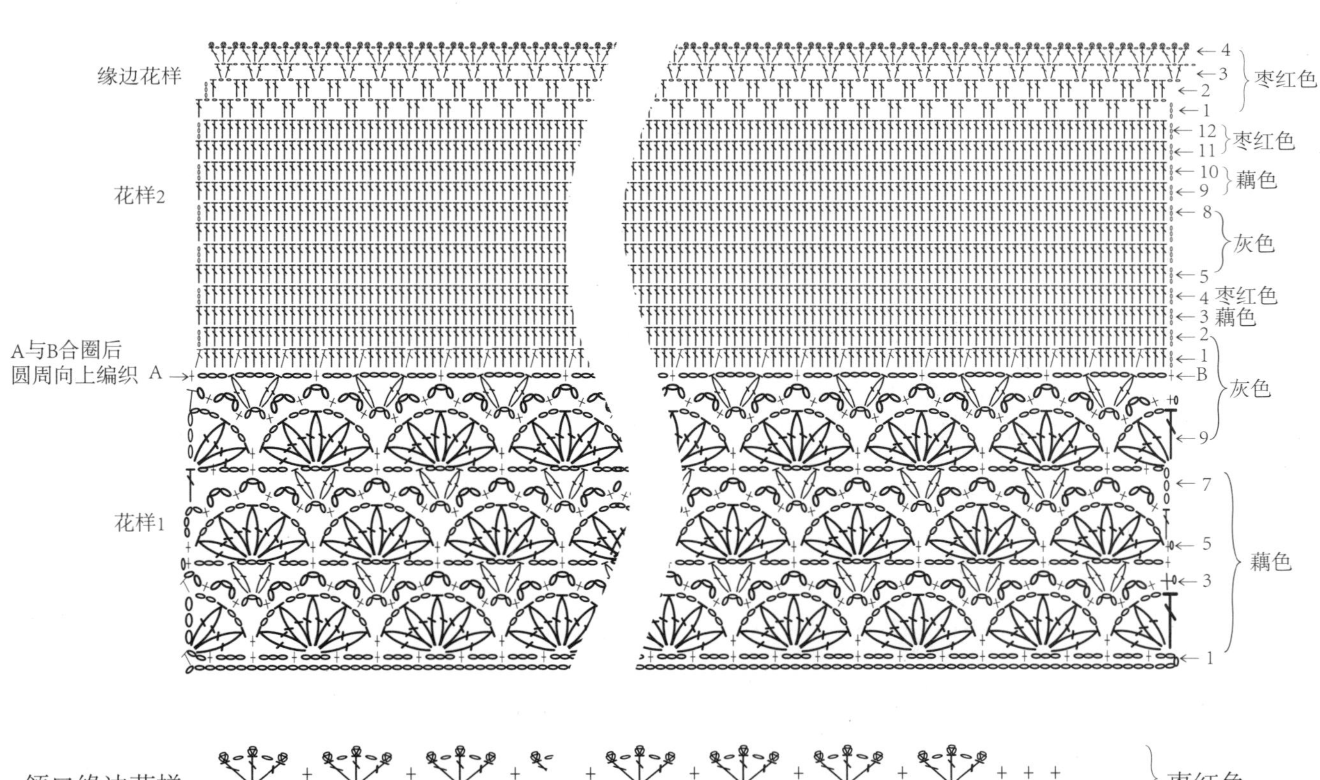
缘边花样
花样2
A与B合圈后
圆周向上编织
A
花样1
枣红色
枣红色
藕色
灰色
枣红色
藕色
B
灰色
藕色

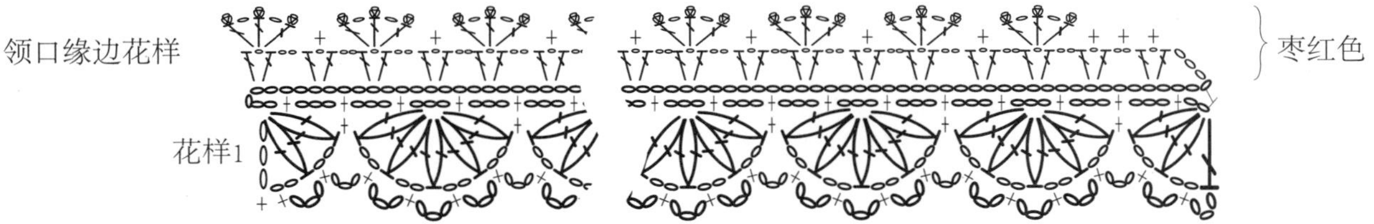
领口缘边花样
花样1
枣红色

38
雾色

编织材料·九色鹿新生儿专用线-1601灰色-150g
九色鹿韵皮草线-粉红色、玫红色少量

编织工具·3.5mm钩针

成品尺寸·长43.5cm（单片）、宽39.5cm（单片）

编织要点·首先分别编织好两片身片并将背部缝合，缝合时注意花样对齐、平整。也可以根据自己的喜好调整背部的长度。接着用钩针直接把装饰用的皮草线钩在身片上。（见彩图所示位置）

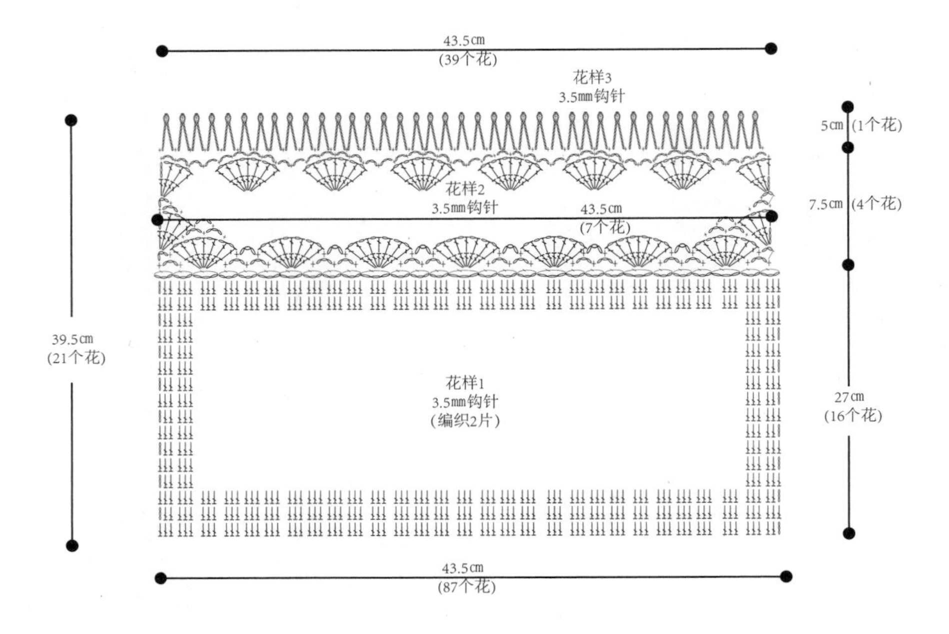
43.5cm
(39个花)
花样3
3.5mm钩针
5cm (1个花)
花样2
3.5mm钩针
43.5cm
(7个花)
7.5cm (4个花)
39.5cm
(21个花)
花样1
3.5mm钩针
(编织2片)
27cm
(16个花)
43.5cm
(87个花)

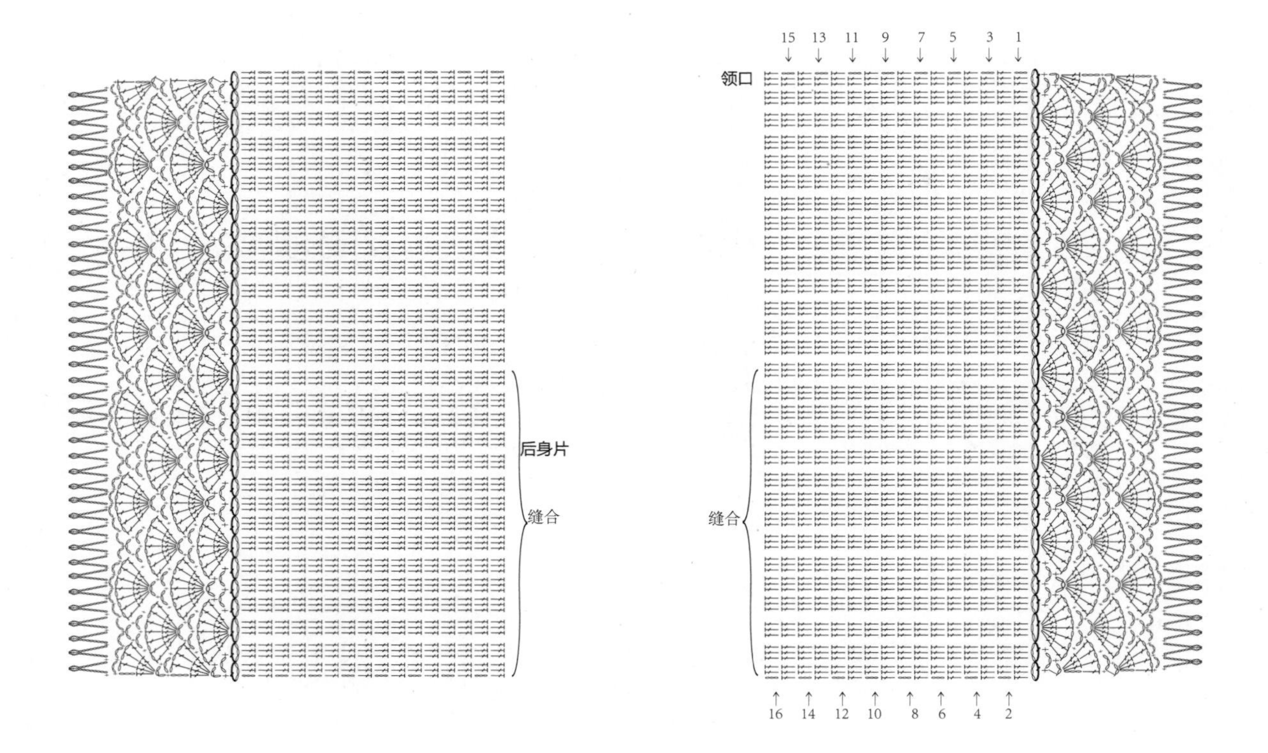
15 13 11 9 7 5 3 1
领口
后身片
缝合
缝合
16 14 12 10 8 6 4 2

39
碧玺

编织材料・九色鹿韵皮草-1210玫红色-100g、1206粉红色-150g、1045绿色-50g

编织工具・4.5mm棒针、4.0mm钩针

编织密度・20针×25行/10cm×10cm

成品尺寸・衣长18cm、下摆围长54cm

编织要点・从领口起织，加针编织，注意手劲松紧适当。

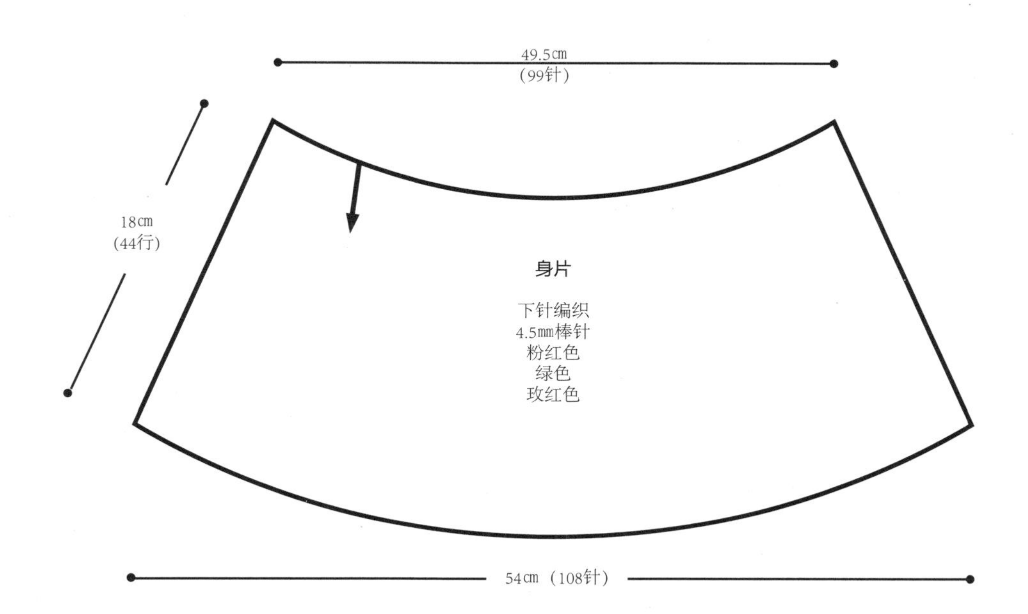
49.5cm
(99针)
18cm
(44行)
身片
下针编织
4.5mm棒针
粉红色
绿色
玫红色
54cm（108针）

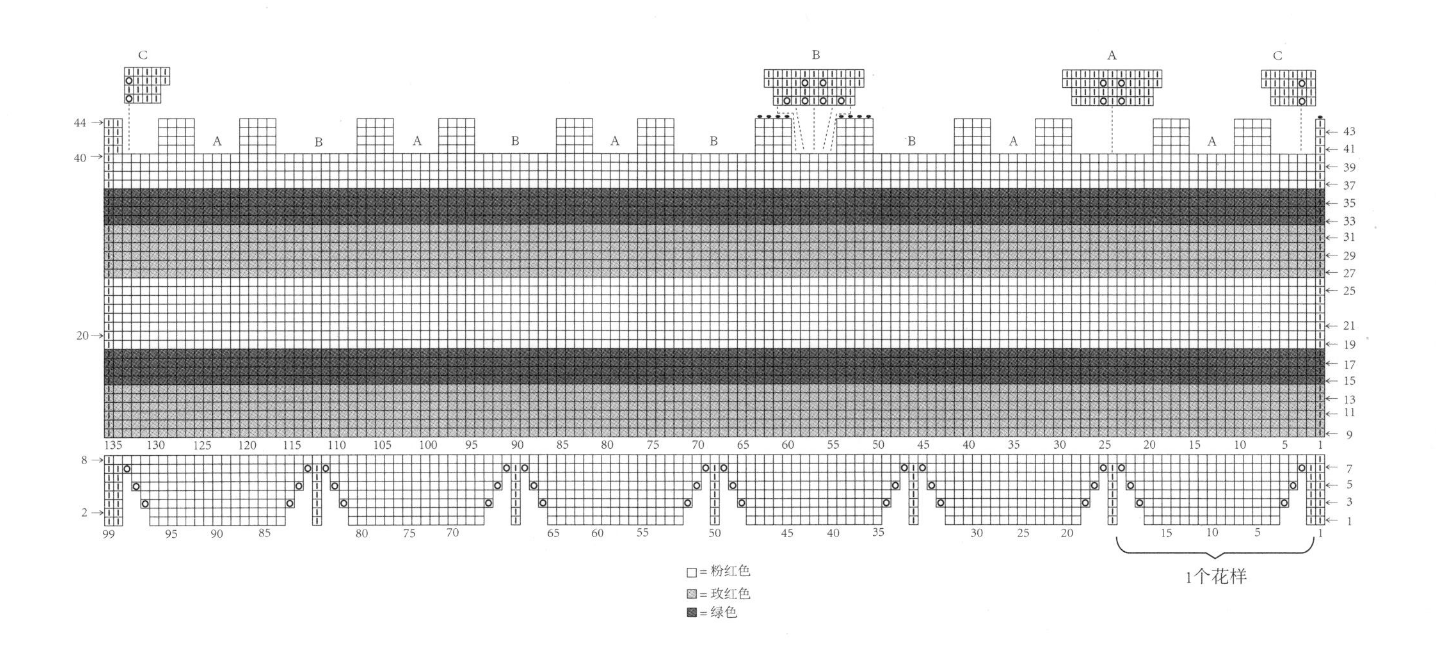
C
B
A
C
□=粉红色
▒=玫红色
■=绿色
1个花样

40
早春

编织材料·九色鹿新生儿专用线-1404绿色-150g

九色鹿快乐童年-3132紫色-100g（双线编织）

九色鹿金色童年-1204深粉红-50g

编织工具·3.5mm钩针

成品尺寸·衣长64cm、胸宽35cm

编织要点·此款毛衣编织的难点是旁襟，要注意手劲松紧适当、均匀。首先编织好衣身片，接着分别编织左、右旁襟缘边。接着编织领口、门襟缘边，最后编织镶边。

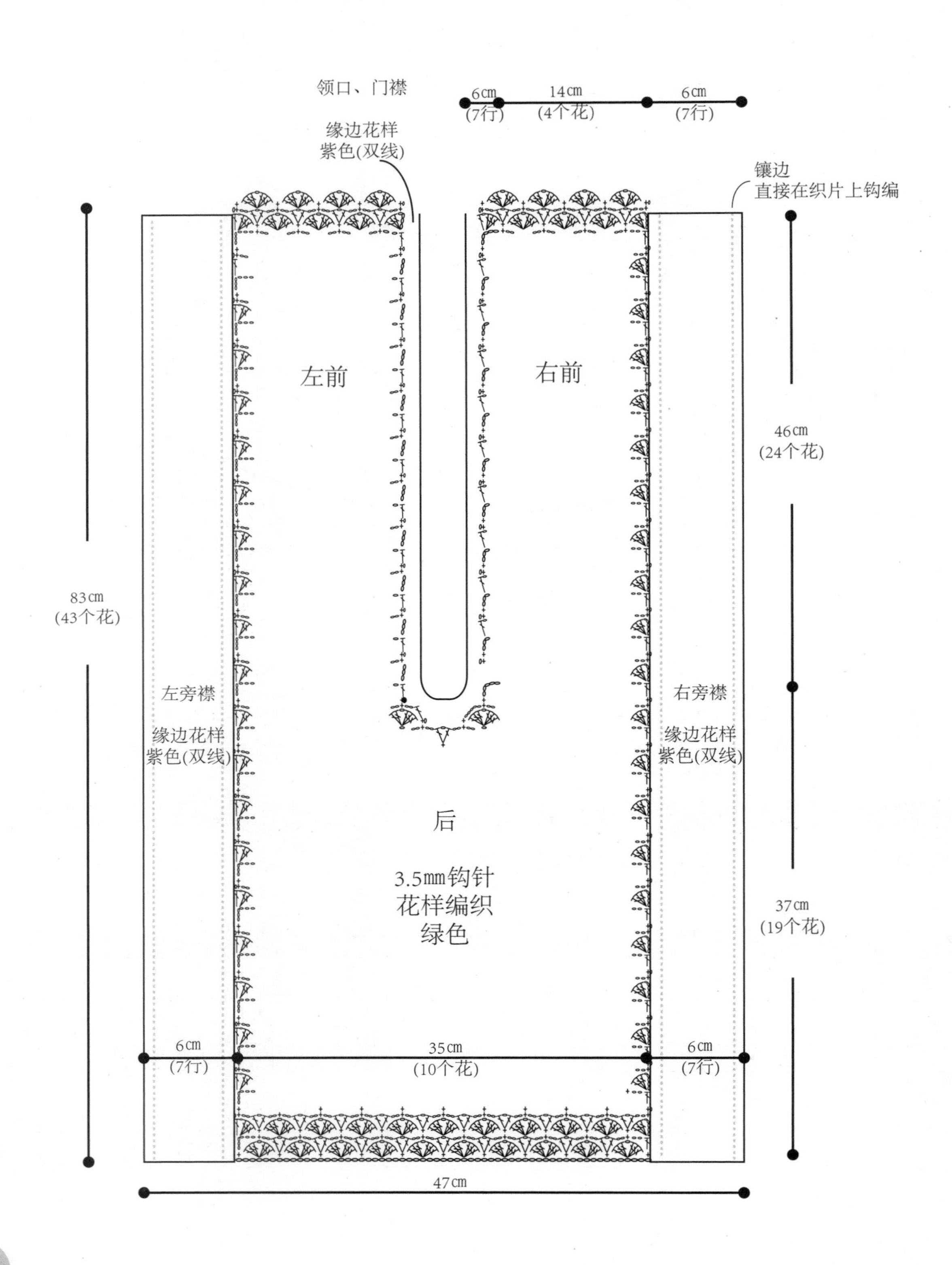
领口、门襟
缘边花样
紫色(双线)
6cm
(7行)
14cm
(4个花)
6cm
(7行)
镶边
直接在织片上钩编
左前
右前
46cm
(24个花)
83cm
(43个花)
左旁襟
缘边花样
紫色(双线)
右旁襟
缘边花样
紫色(双线)
后
3.5mm钩针
花样编织
绿色
37cm
(19个花)
6cm
(7行)
35cm
(10个花)
6cm
(7行)
47cm

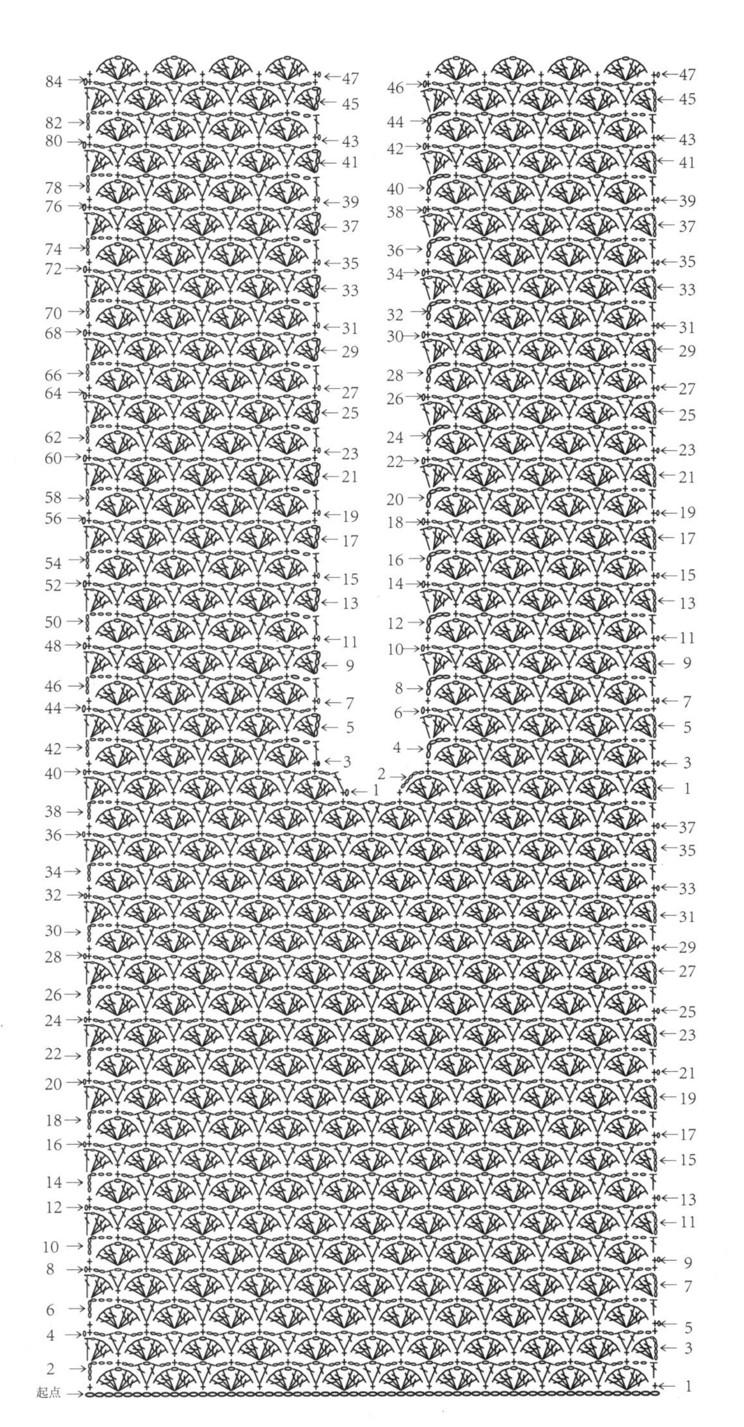
起点

左旁襟

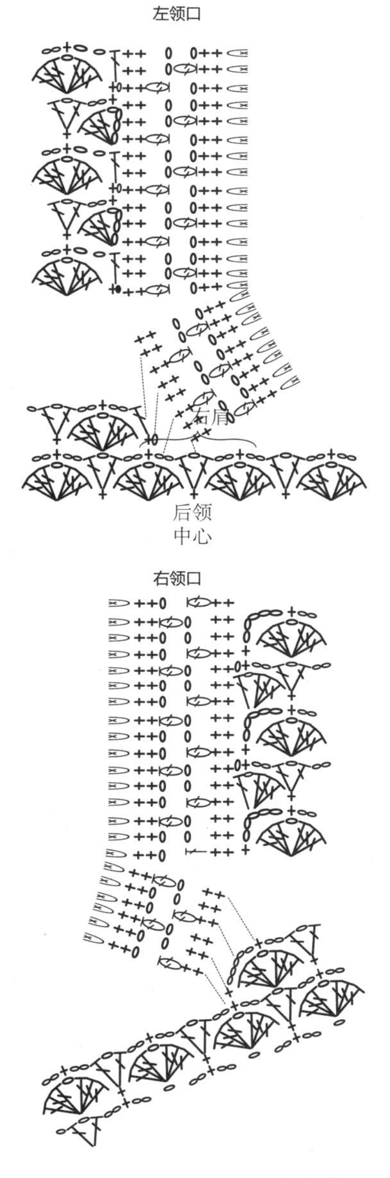
左领口
右肩
后领
中心
右领口

右旁襟

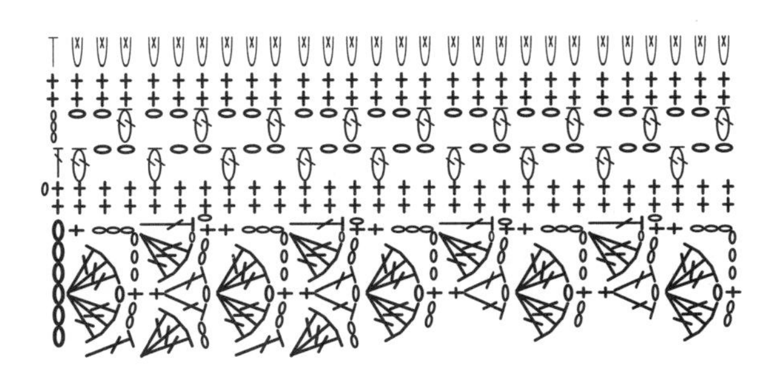

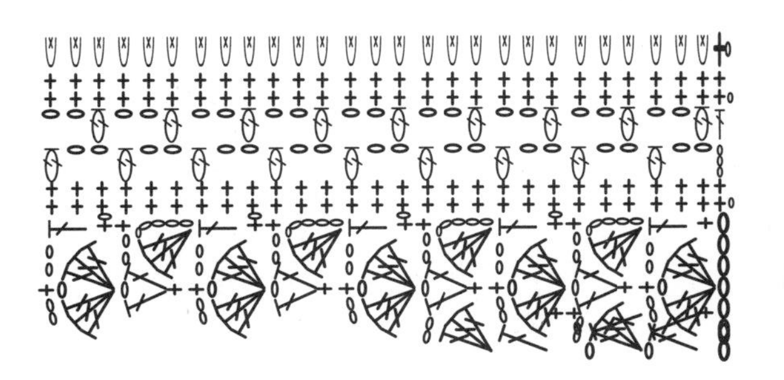

41
青瓜花

编织材料・九色鹿新生儿专用线-1102黄色-90g、1404绿色-60g

编织工具・3.5mm钩针

成品尺寸・衣长33cm、胸宽33cm、肩宽33cm、袖口11cm

编织密度・11cm×11cm/1个单元花

编织要点・此款毛衣编织的难点是花样，注意手劲松紧适当，花样平整无皱。编织单元花并将其一一连接。

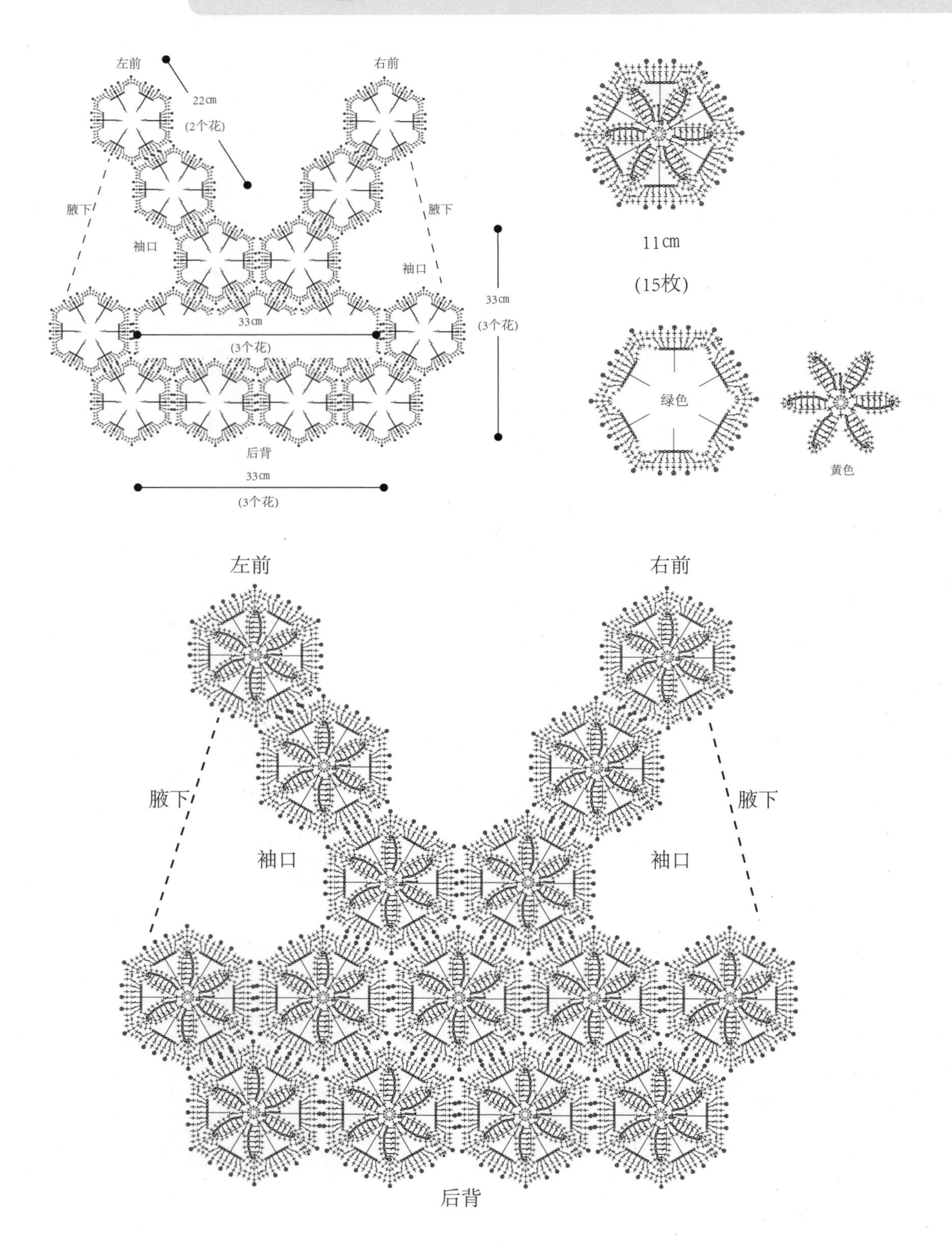
左前
右前
22cm
(2个花)
腋下
腋下
袖口
袖口
33cm
(3个花)
33cm
(3个花)
后背
33cm
(3个花)
11cm
(15枚)
绿色
黄色
左前
右前
腋下
腋下
袖口
袖口
后背

42

山姆王子

编织材料・九色鹿金色童年 -1222大红色-180g
九色鹿100%Merino wool-1052蓝紫色-100g

编织工具・3.5mm棒针、3.0mm棒针

成品尺寸・衣长33cm、胸宽30.5cm、肩宽22.5cm、袖长32.5cm

编织密度・24针×32行/10cm×10cm

编织要点・此款毛衣编织的难点是花样，要注意色线变换的规律。首先分别将前、后身片编织好并缝合，缝合时注意花样对齐、平整。接着编织左、右袖片并缝合，缝合时注意花样对齐平整。最后编织领口缘边。

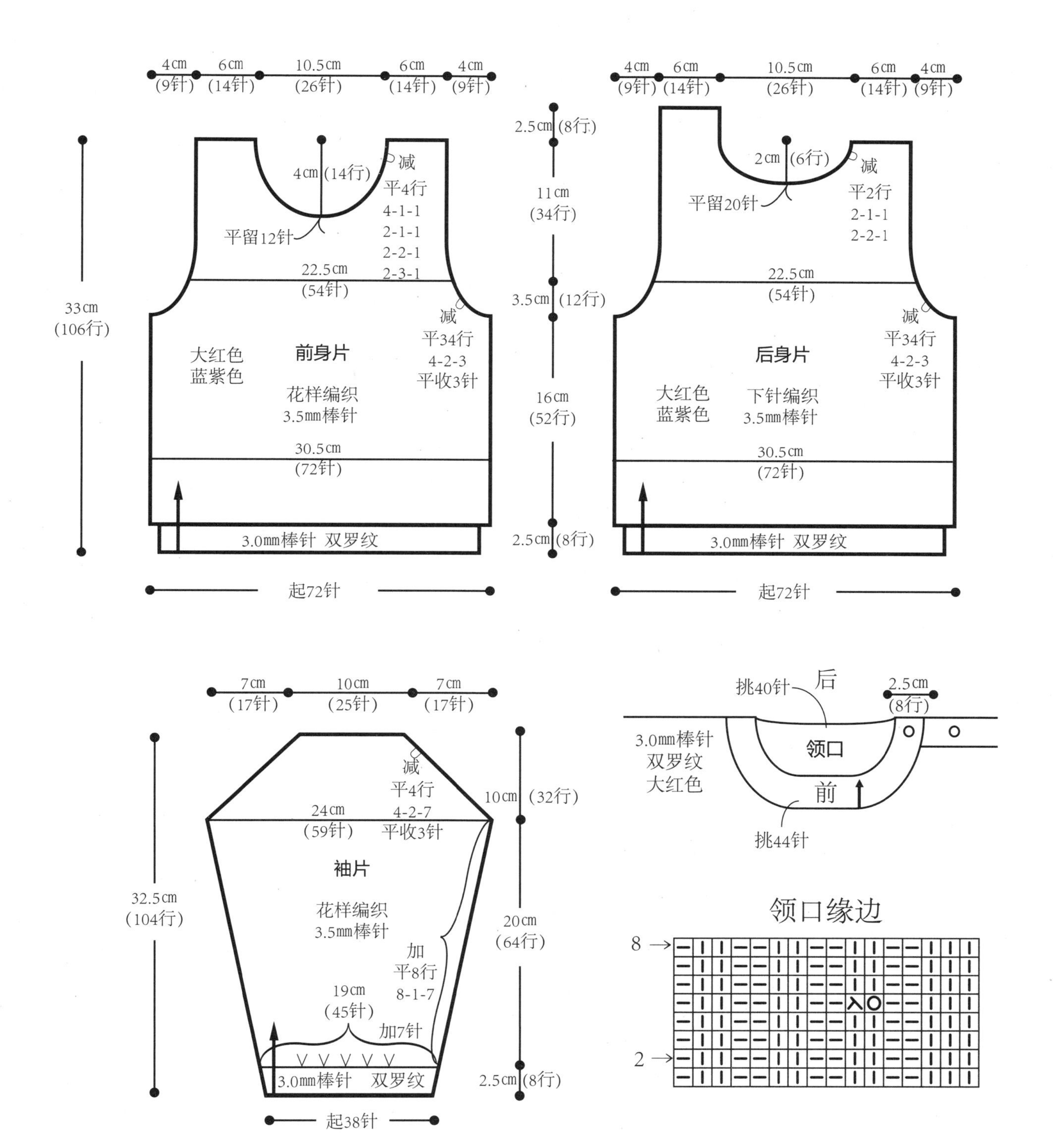

4cm (9针) 6cm (14针) 10.5cm (26针) 6cm (14针) 4cm (9针)
33cm (106行)
4cm (14行)
平留12针
减
平4行
4-1-1
2-1-1
2-1-1
2-2-1
2-3-1
22.5cm (54针)
减
平34行
4-2-3
平收3针
大红色
蓝紫色
前身片
花样编织
3.5mm棒针
30.5cm (72针)
3.0mm棒针 双罗纹
起72针
2.5cm (8行)
11cm (34行)
3.5cm (12行)
16cm (52行)
2.5cm (8行)
2cm (6行)
平留20针
减
平2行
2-1-1
2-2-1
22.5cm (54针)
减
平34行
4-2-3
平收3针
后身片
大红色
蓝紫色
下针编织
3.5mm棒针
30.5cm (72针)
3.0mm棒针 双罗纹
起72针
7cm (17针) 10cm (25针) 7cm (17针)
32.5cm (104行)
减
平4行
4-2-7
平收3针
24cm (59针)
10cm (32行)
袖片
花样编织
3.5mm棒针
加
平8行
8-1-7
20cm (64行)
19cm (45针)
加7针
3.0mm棒针 双罗纹
2.5cm (8行)
起38针
挑40针
后
2.5cm (8行)
3.0mm棒针
双罗纹
大红色
领口
前
挑44针
领口缘边
8
2

前身片

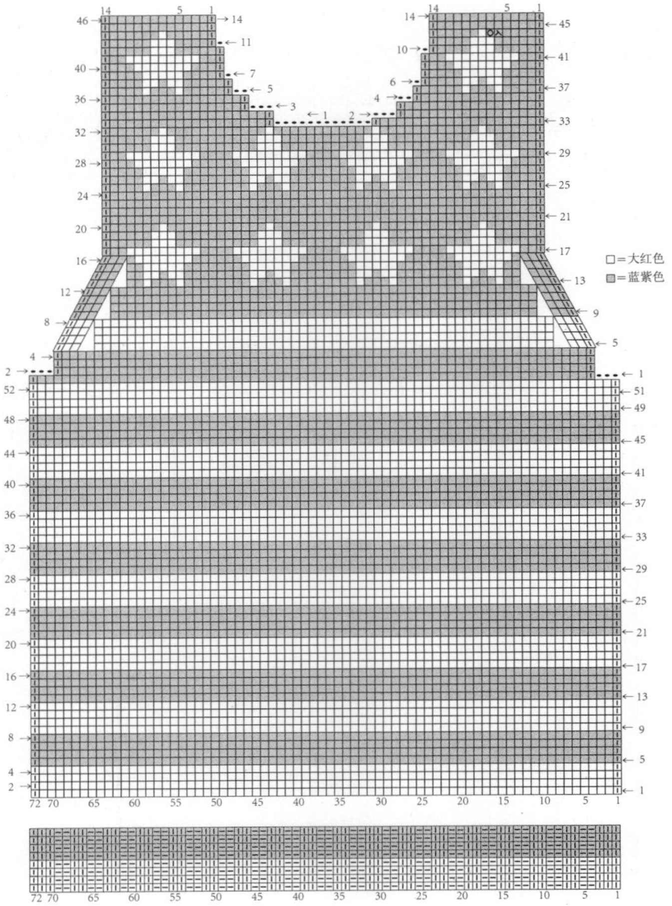
□=大红色
■=蓝紫色

袖片

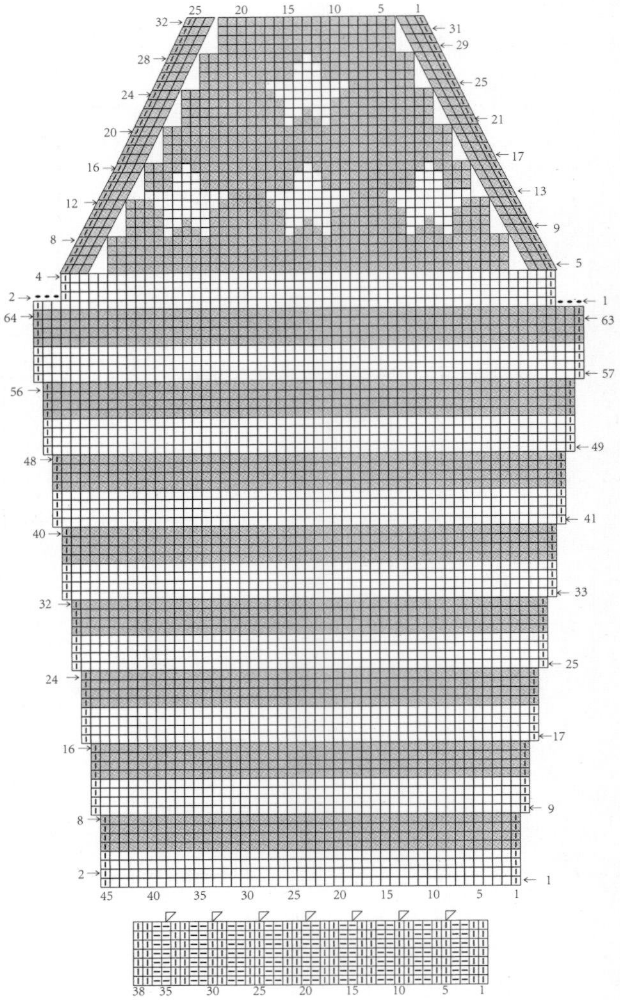

后身片

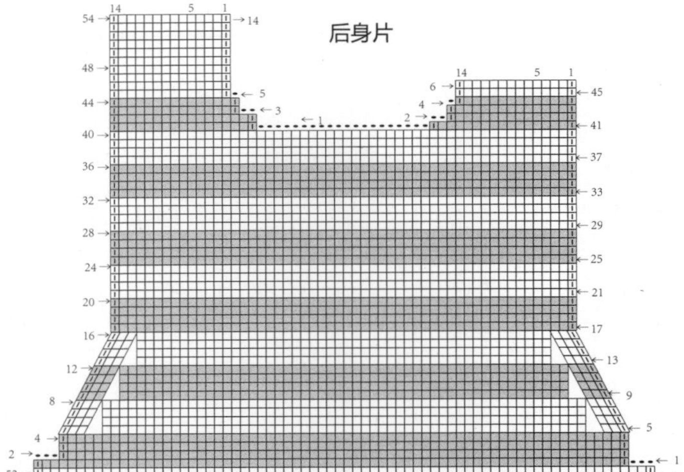

43
夏花

编织材料・九色鹿新生儿专用线-1311蓝色-20g、1204粉玉色-60g、1203粉红色-40g
编织工具・3.5mm钩针
成品尺寸・衣长28cm、胸宽32cm、袖口12cm
编织密度・8cm×8cm/1个单元花
编织要点・此款毛衣编织的难点是花样，要注意色线变换的规律。编织单元花并将其一一连接。

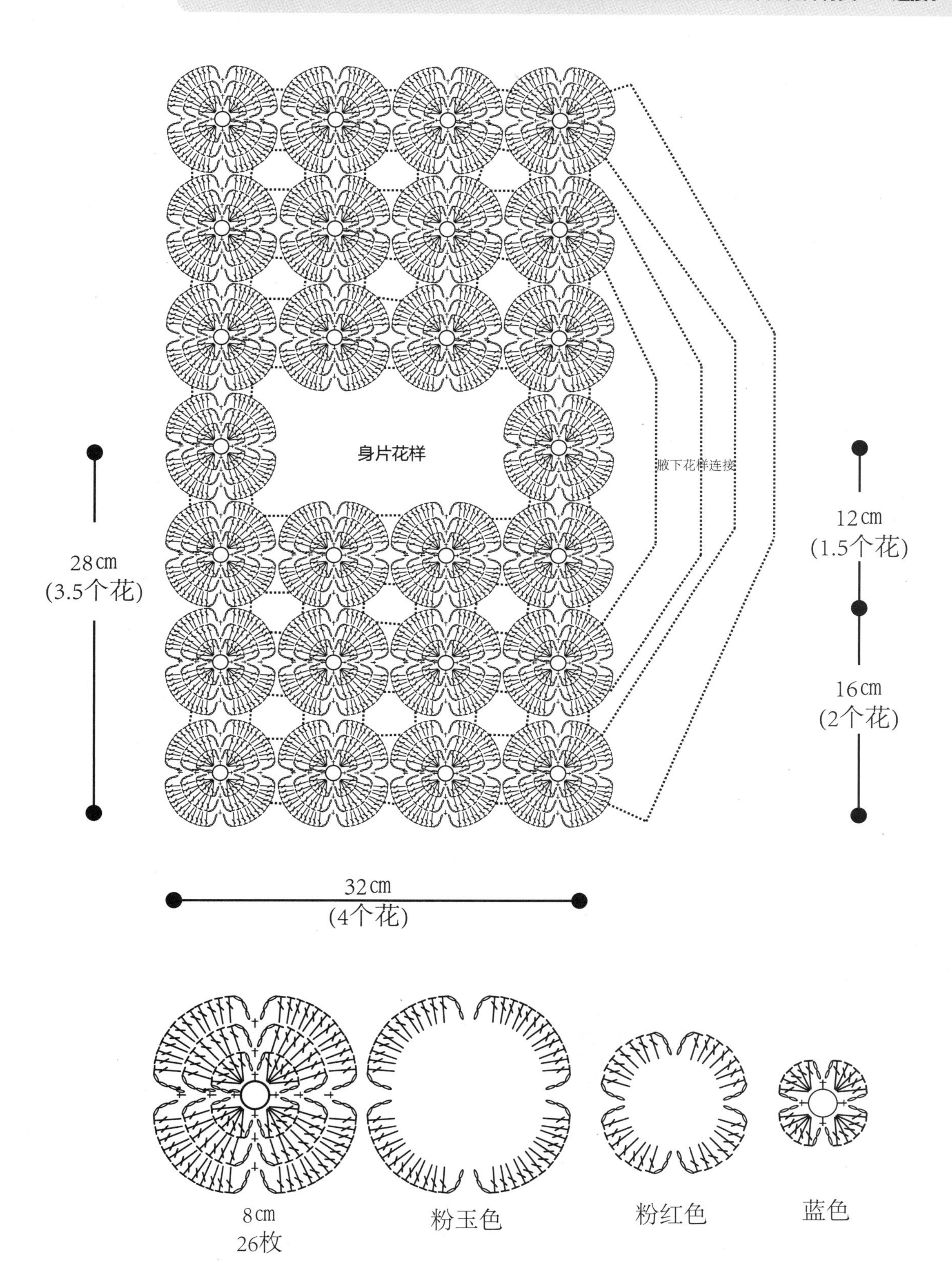
身片花样
腋下花样连接
28cm
(3.5个花)
12cm
(1.5个花)
16cm
(2个花)
32cm
(4个花)
8cm
26枚
粉玉色
粉红色
蓝色

44
三角旗

编织材料·九色鹿金色童年-1001白色-200g，黄色、蓝色、红色少量

编织工具·3.5mm棒针、4.0mm棒针

编织密度·24针×32行/10cm×10cm

毛衣尺寸·衣长35.5cm、胸宽31cm、肩宽23cm、袖口14cm

编织要点·首先分别将前、后身片编织好并缝合，缝合时注意花样对齐、平整。接着编织左、右袖口缘边，最后编织领口缘边。

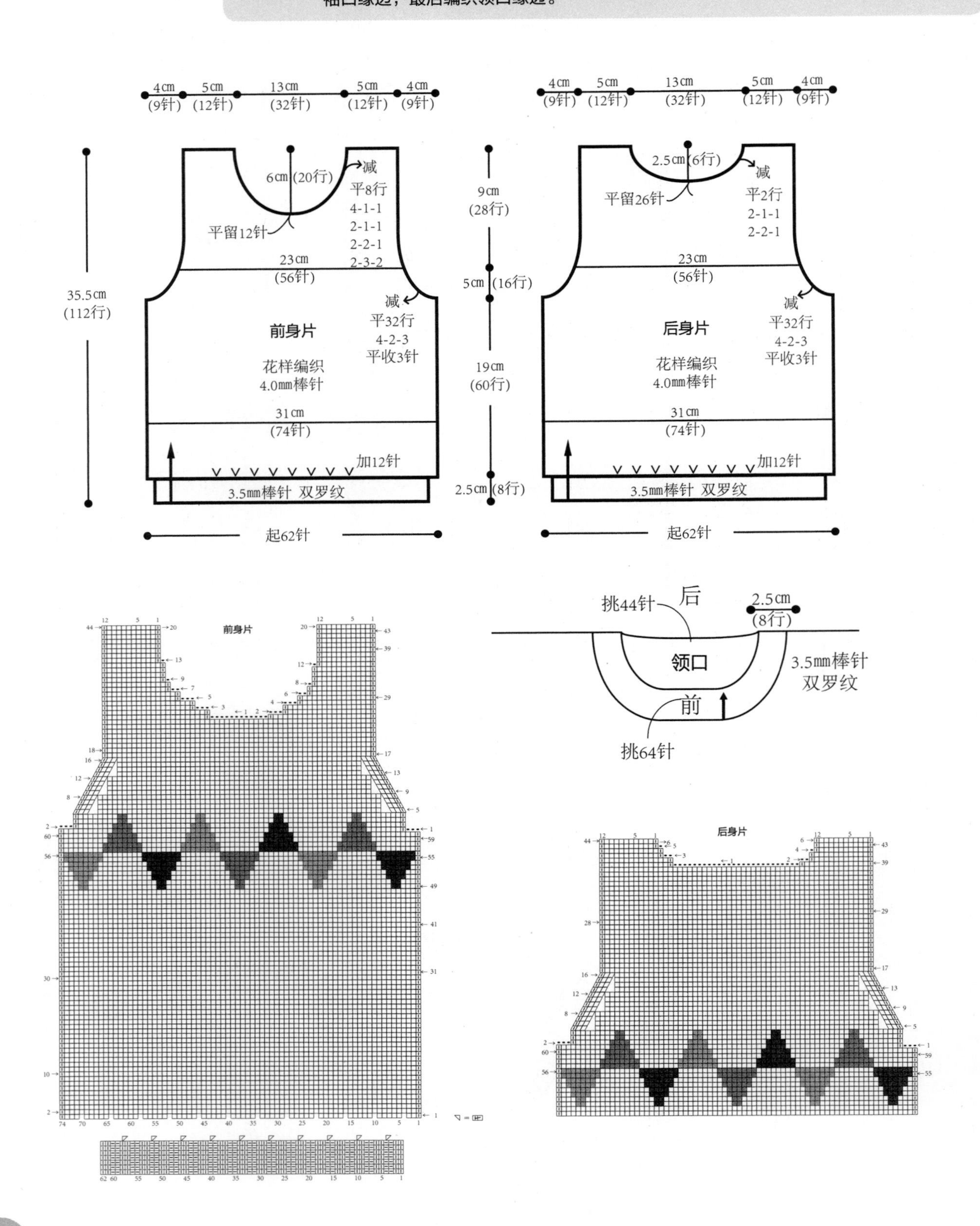
4cm (9针) 5cm (12针) 13cm (32针) 5cm (12针) 4cm (9针)
6cm (20行)
减 平8行 4-1-1 2-1-1 2-2-1 2-3-2
平留12针
23cm (56针)
35.5cm (112行)
减 平32行 4-2-3 平收3针
前身片
花样编织 4.0mm棒针
31cm (74针)
加12针
3.5mm棒针 双罗纹
起62针
9cm (28行)
5cm (16行)
19cm (60行)
2.5cm (8行)
2.5cm (6行)
减 平2行 2-1-1 2-2-1
平留26针
后身片
挑44针
后
2.5cm (8行)
领口
3.5mm棒针 双罗纹
前
挑64针

45

英俊小王子

编织材料·九色鹿金色童年-1316蓝色-150g、9603灰色-150g

编织工具·3.5mm棒针

成品尺寸·衣长33cm、胸宽31cm、肩宽23cm、袖长22.5cm

编织密度·24针×32行/10cm×10cm

编织要点·此款毛衣编织的难点是领口。首先分别将前、后身片编织好并缝合，缝合时（除旁襟不缝合）注意花样对齐、平整。接着编织左、右袖片并缝合，缝合时注意花样对齐、平整。最后编织领口。

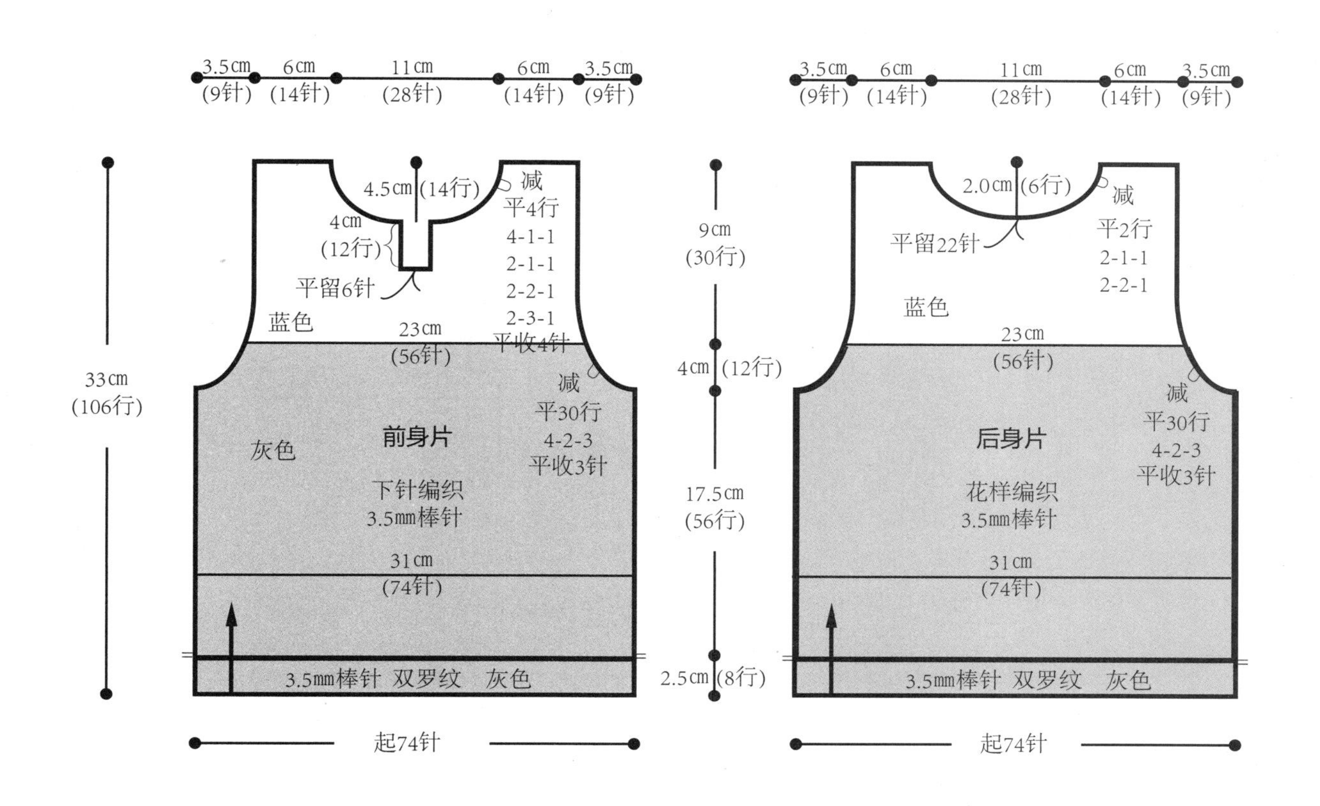
3.5cm (9针) 6cm (14针) 11cm (28针) 6cm (14针) 3.5cm (9针)
4.5cm (14行)
4cm (12行)
平留6针
减 平4行 4-1-1 2-1-1 2-2-1 2-3-1 平收4针
蓝色
23cm (56针)
33cm (106行)
减 平30行 4-2-3 平收3针
灰色
前身片
下针编织
3.5mm棒针
31cm (74针)
3.5mm棒针 双罗纹 灰色
起74针
9cm (30行)
4cm (12行)
17.5cm (56行)
2.5cm (8行)
2.0cm (6行)
平留22针
减 平2行 2-1-1 2-2-1
后身片
花样编织
3.5mm棒针

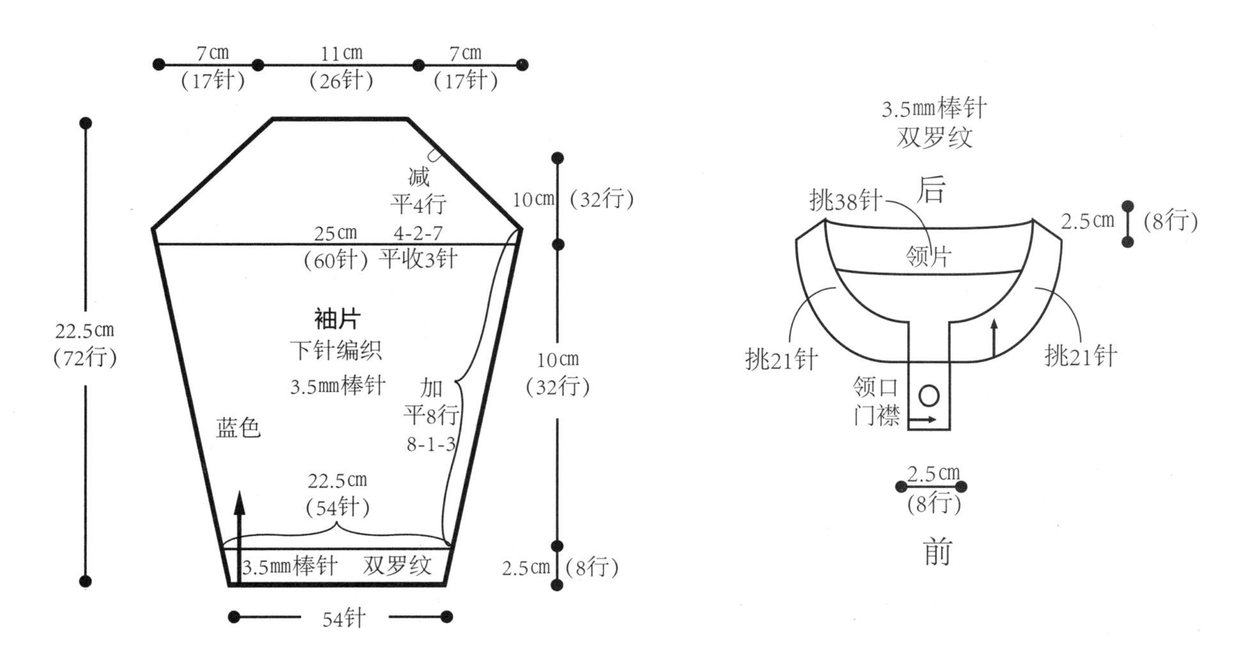
7cm (17针) 11cm (26针) 7cm (17针)
减 平4行 4-2-7 平收3针
25cm (60针)
10cm (32行)
22.5cm (72行)
袖片
下针编织
3.5mm棒针
加 平8行 8-1-3
蓝色
22.5cm (54针)
3.5mm棒针 双罗纹
2.5cm (8行)
54针
3.5mm棒针
双罗纹
挑38针
后
领片
2.5cm (8行)
挑21针
挑21针
领口
门襟
2.5cm (8行)
前

后身片

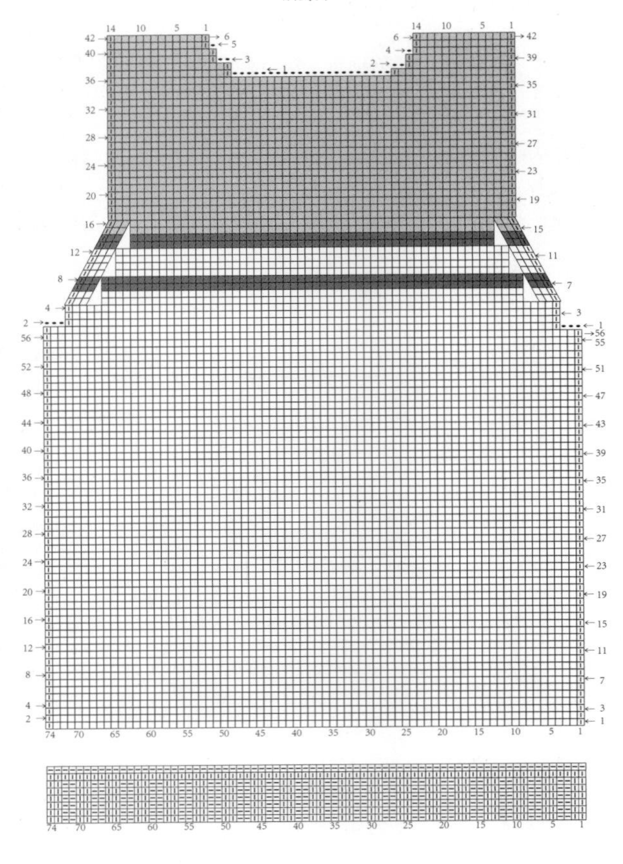

领口门襟

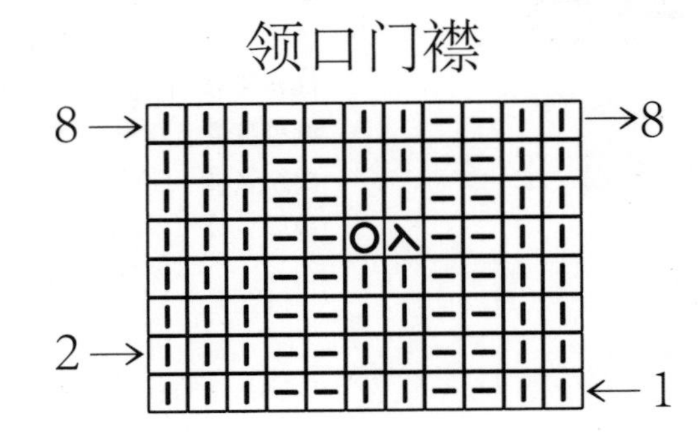

领片花样

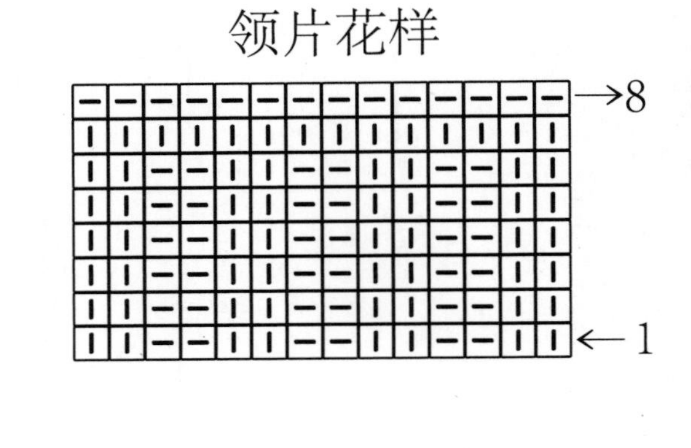

前身片

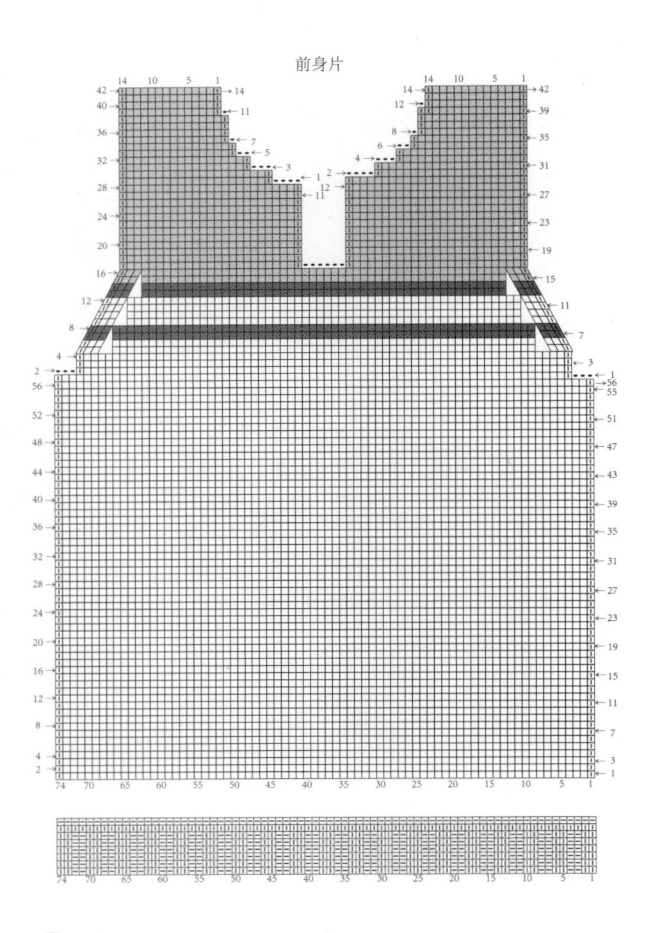

袖片

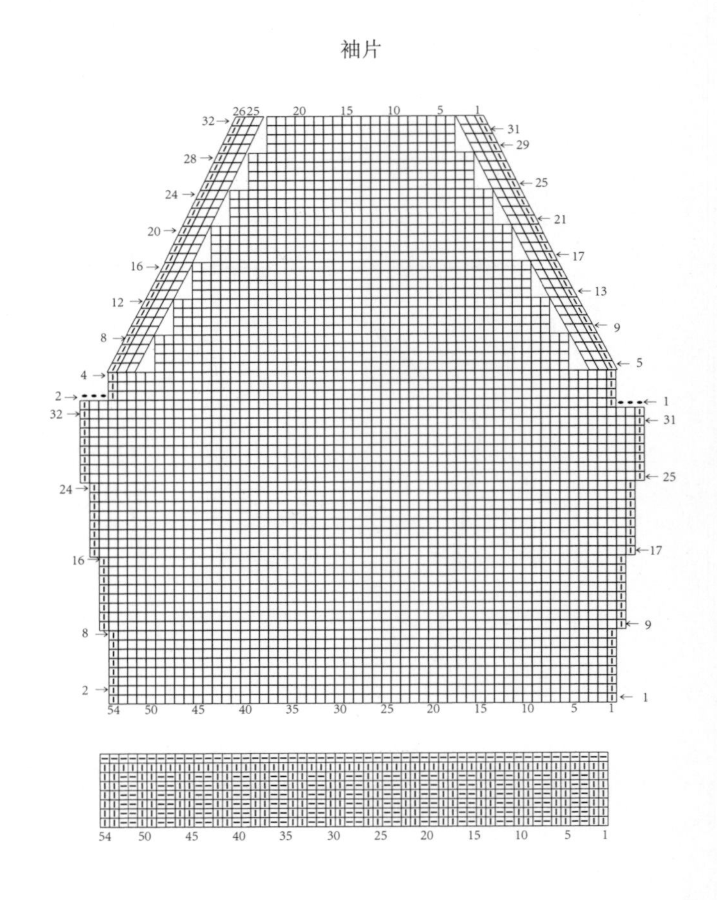

46

凌霄花

编织材料·九色鹿100%Merino Wool-1065蓝黑色-200g、1097棕色-20g
九色鹿金色童年-1222大红色-20g

编织工具·4.0mm棒针、3.5mm棒针、3.5mm钩针

成品尺寸·衣长30cm、肩宽32.5cm、袖长26cm

编织密度·24针×32行/10cm×10cm（棒针）

编织要点·此款毛衣编织的难点是袖片（可以片织也可以从衣片上直接编织）。首先分别将前、后身片编织好，接着编织左、右袖片并将其与衣片对应缝合，缝合时注意花样对齐、平坦无皱。最后编织领口缘边和袖口缘边。

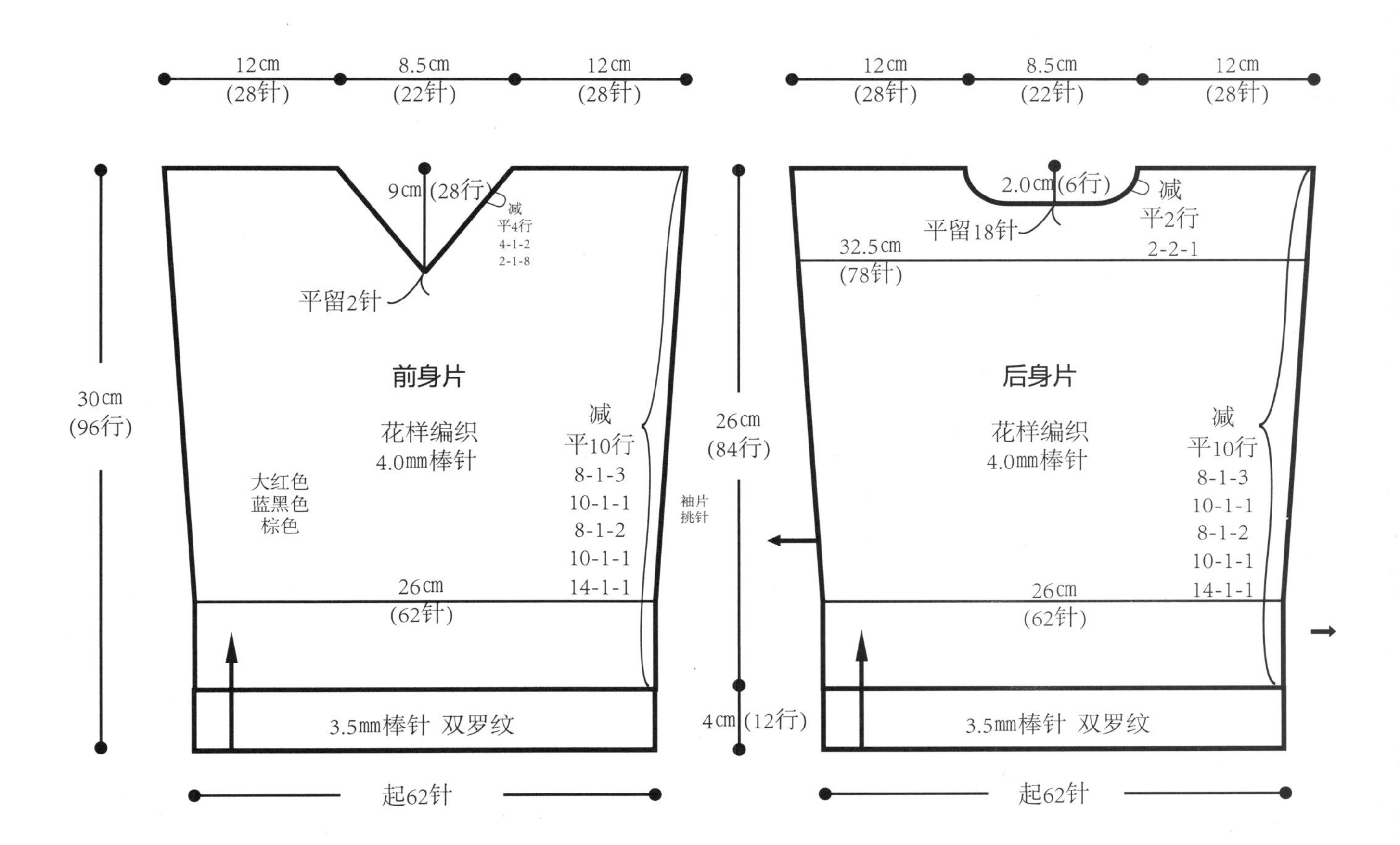

12cm
(28针)
8.5cm
(22针)
12cm
(28针)
9cm (28行)
减
平4行
4-1-2
2-1-8
平留2针
30cm
(96行)
前身片
花样编织
4.0mm棒针
大红色
蓝黑色
棕色
减
平10行
8-1-3
10-1-1
8-1-2
10-1-1
14-1-1
26cm
(62针)
袖片
挑针
3.5mm棒针 双罗纹
起62针
12cm
(28针)
8.5cm
(22针)
12cm
(28针)
2.0cm (6行)
减
平2行
2-2-1
平留18针
32.5cm
(78针)
26cm
(84行)
后身片
花样编织
4.0mm棒针
减
平10行
8-1-3
10-1-1
8-1-2
10-1-1
14-1-1
26cm
(62针)
4cm (12行)
3.5mm棒针 双罗纹
起62针

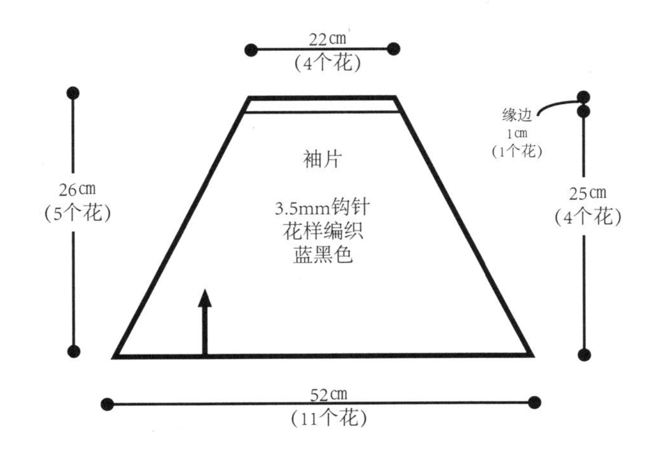

22cm
(4个花)
26cm
(5个花)
袖片
3.5mm钩针
花样编织
蓝黑色
缘边
1cm
(1个花)
25cm
(4个花)
52cm
(11个花)

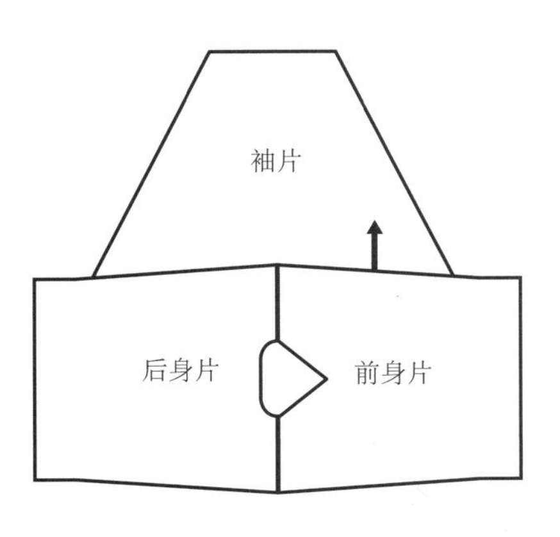

袖片
后身片
前身片

前身片

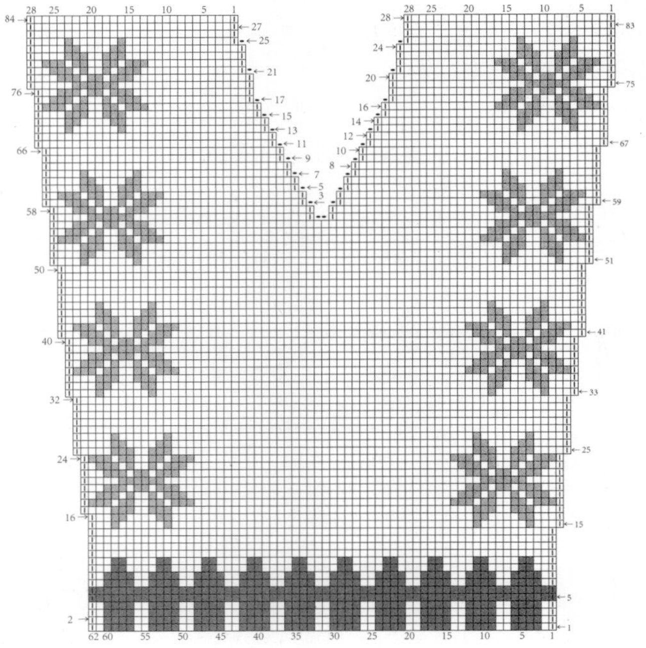

前领缘边花样

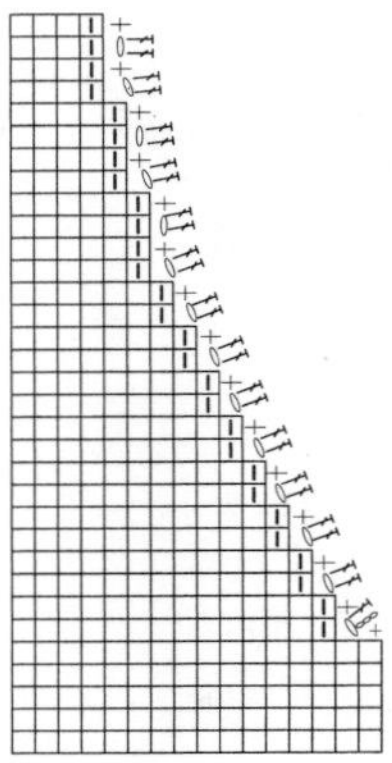

后身片

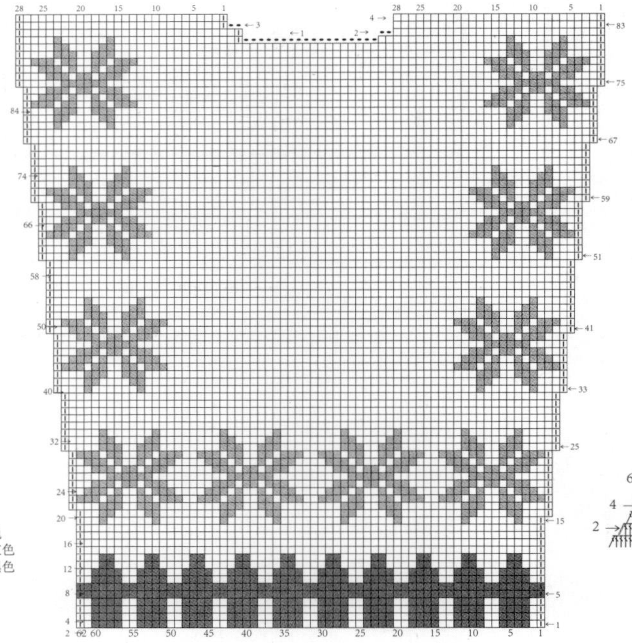

■＝棕色
▨＝大红色
□＝蓝黑色

后领缘边花样

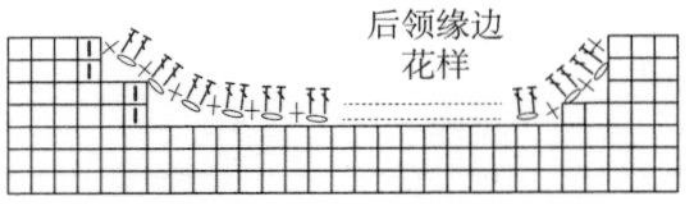

袖片

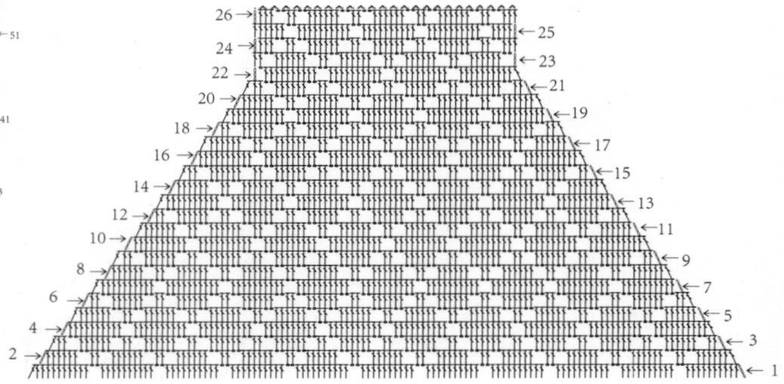

袖口缘边花样

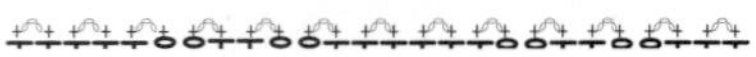

47
圣诞

编织材料・九色鹿珊瑚绒宝宝线-1222红色-50g、1001白色-250g

编织工具・5.5mm棒针

成品尺寸・衣长39cm、胸宽36cm、肩宽25cm、袖口13cm

编织密度・11针×15行/10cm×10cm

编织要点・此款毛衣编织的难点是花样，由于线为绒线，务必要做好标记。首先分别将左前、右前及后身片编织好并缝合。缝合时注意花样对齐、平坦无皱。接着编织领口缘边，最后编织左、右袖口缘边。

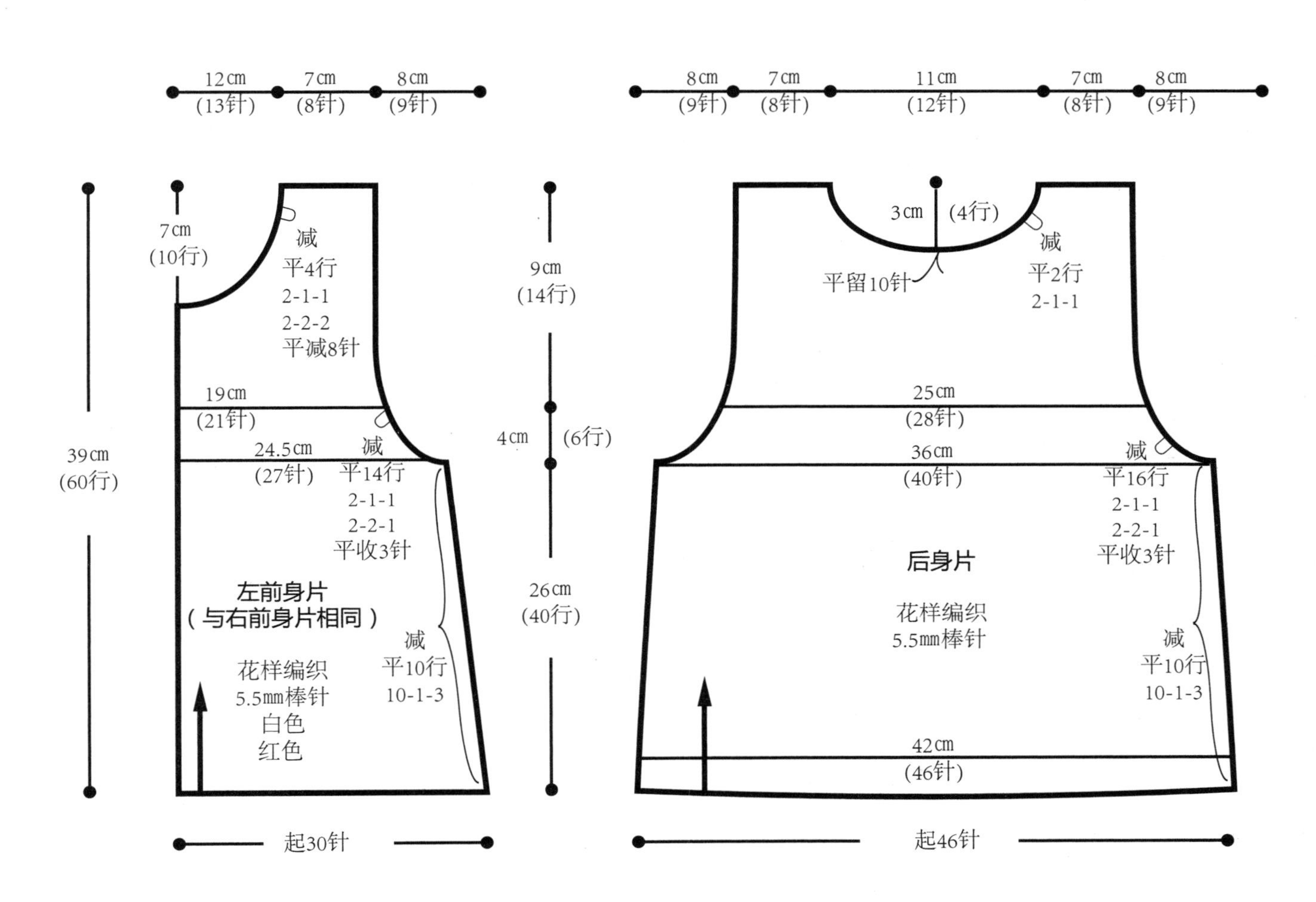
12cm (13针)
7cm (8针)
8cm (9针)
7cm (10行)
减
平4行
2-1-1
2-2-2
平减8针
19cm (21针)
24.5cm (27针)
减
平14行
2-1-1
2-2-1
平收3针
39cm (60行)
左前身片
（与右前身片相同）
花样编织
5.5㎜棒针
白色
红色
减
平10行
10-1-3
起30针
9cm (14行)
4cm (6行)
26cm (40行)
8cm (9针)
7cm (8针)
11cm (12针)
7cm (8针)
8cm (9针)
3cm (4行)
平留10针
减
平2行
2-1-1
25cm (28针)
36cm (40针)
减
平16行
2-1-1
2-2-1
平收3针
后身片
花样编织
5.5㎜棒针
减
平10行
10-1-3
42cm (46针)
起46针

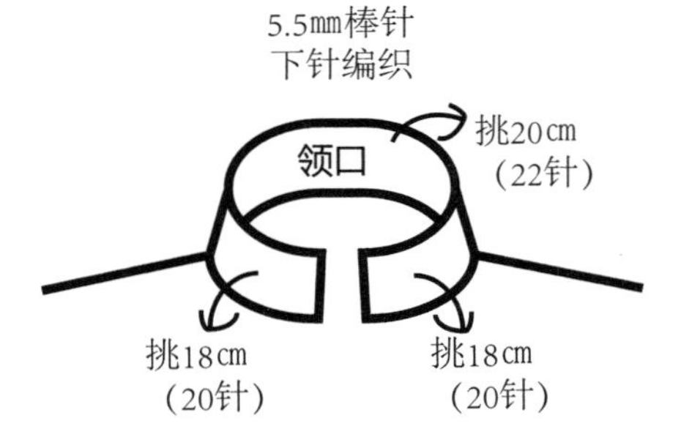
5.5㎜棒针
下针编织
领口
挑20cm (22针)
挑18cm (20针)
挑18cm (20针)

右前身片

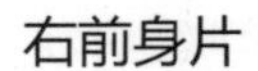

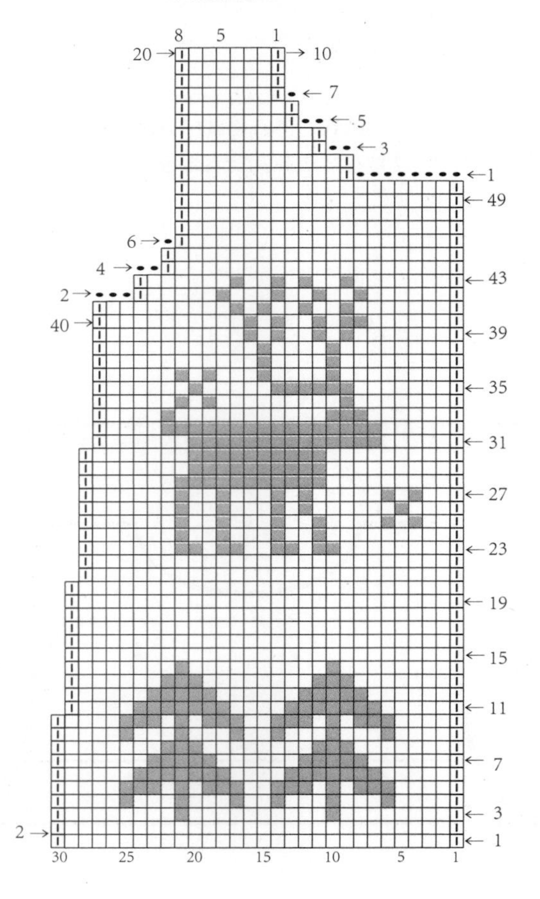

左前身片

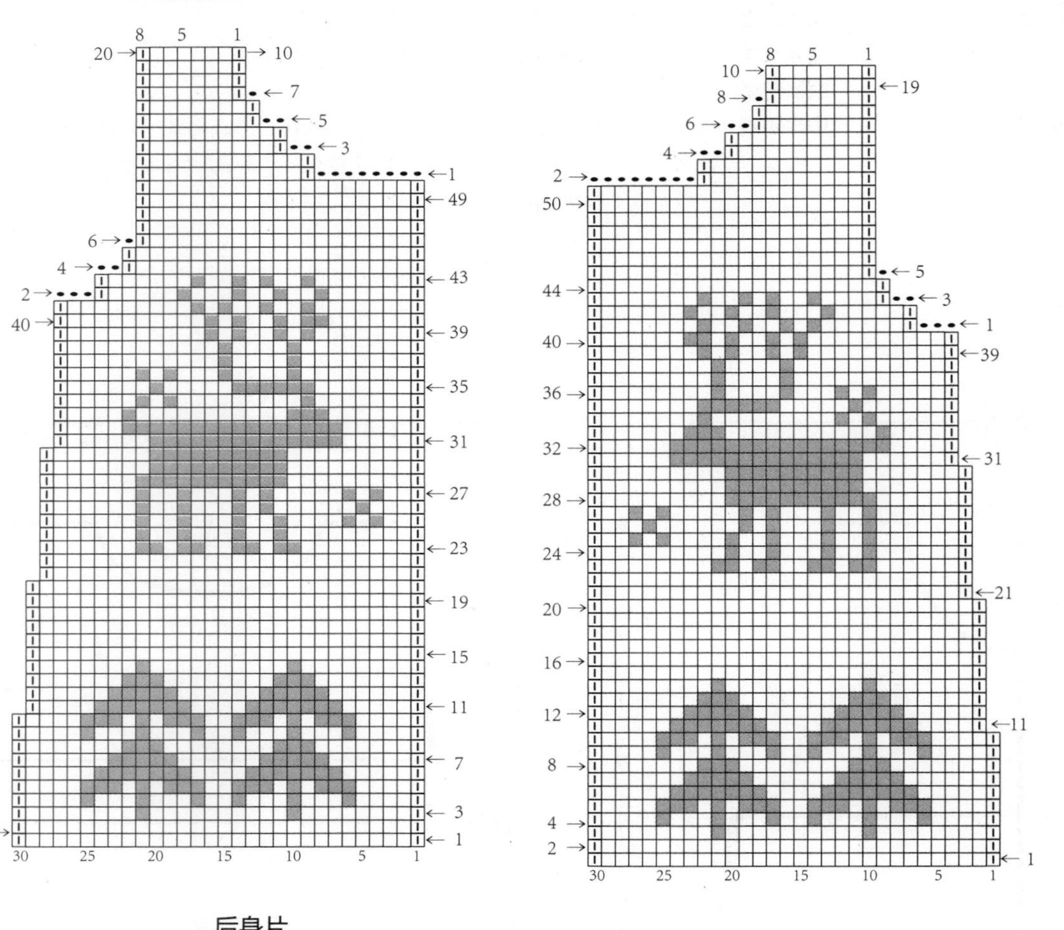

后身片

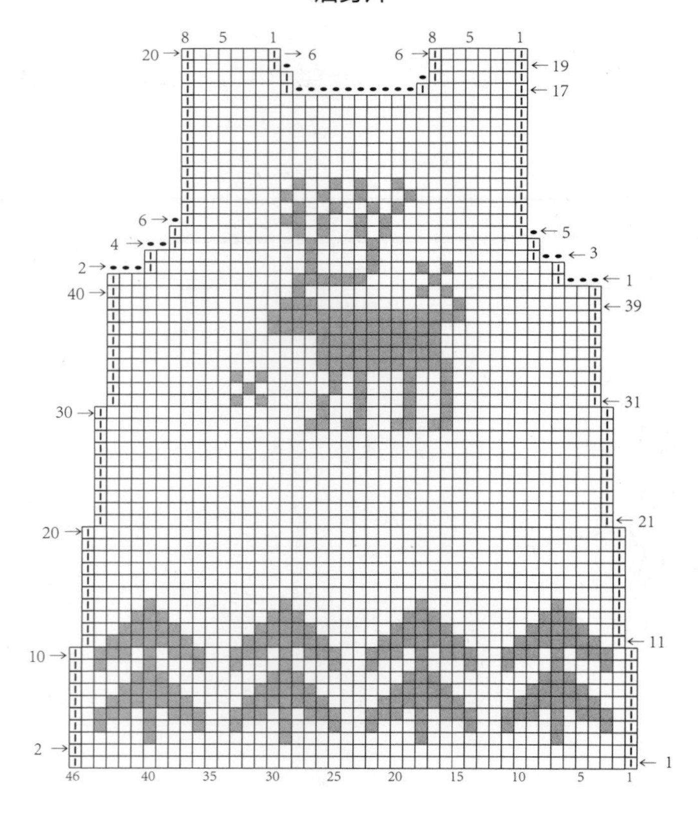

□=白色

■=红色

48
紫梅

编织材料・九色鹿100%Merino Wool-1103灰色-100g、1033紫红色-50g

编织工具・3.5mm棒针、4.0mm棒针、3.5mm钩针

编织密度・24针×32行/10cm×10cm

毛衣尺寸・衣长29.5cm、胸宽30cm、肩宽22.5cm、袖口12cm

编织要点・此款毛衣编织的难点是花样，注意色线互换时手劲的松紧。首先分别将前、后身片编织好并缝合，缝合时注意花样对齐、平整。接着编织左、右袖口缘边，最后编织领口缘边。

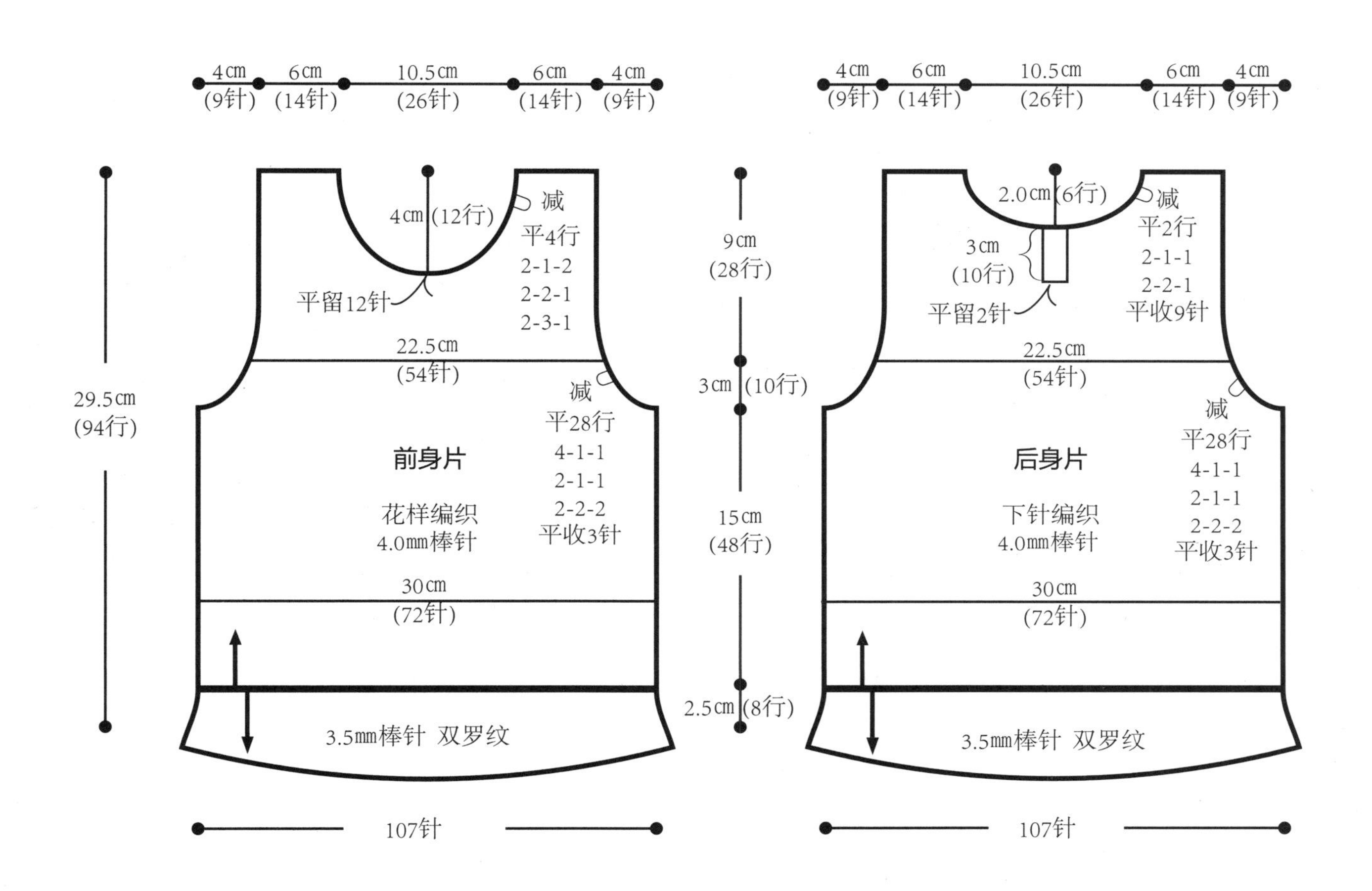
4cm (9针)
6cm (14针)
10.5cm (26针)
6cm (14针)
4cm (9针)
4cm (12行)
减
平4行
2-1-2
2-2-1
2-3-1
平留12针
22.5cm (54针)
减
平28行
4-1-1
2-1-1
2-2-2
平收3针
前身片
花样编织
4.0mm棒针
30cm (72针)
29.5cm (94行)
3.5mm棒针 双罗纹
107针
9cm (28行)
3cm (10行)
15cm (48行)
2.5cm (8行)
2.0cm (6行)
3cm (10行)
平留2针
减
平2行
2-1-1
2-2-1
平收9针
22.5cm (54针)
减
平28行
4-1-1
2-1-1
2-2-2
平收3针
后身片
下针编织
4.0mm棒针
30cm (72针)
3.5mm棒针 双罗纹
107针

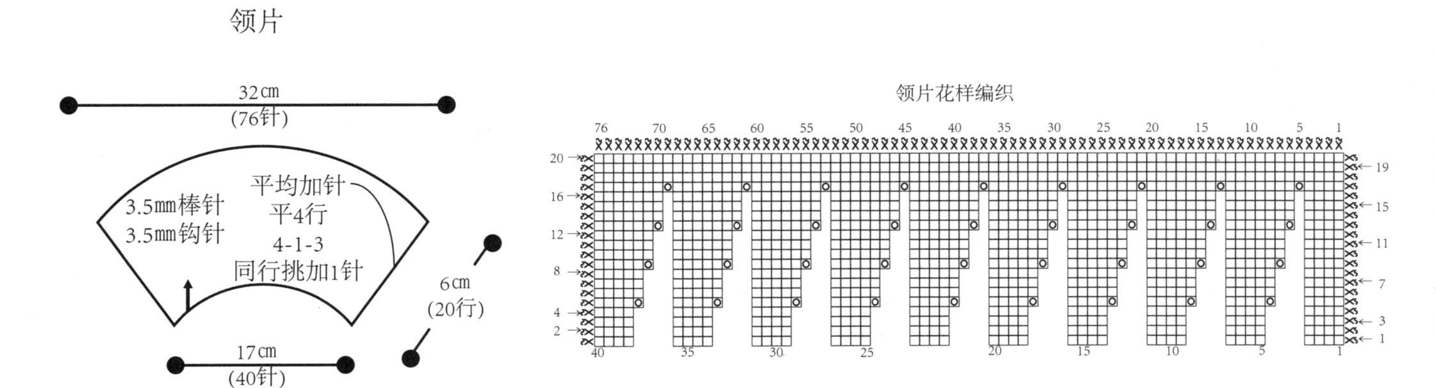
领片
32cm (76针)
3.5mm棒针
3.5mm钩针
平均加针
平4行
4-1-3
同行挑加1针
6cm (20行)
17cm (40针)
领片花样编织

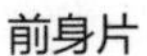

前身片

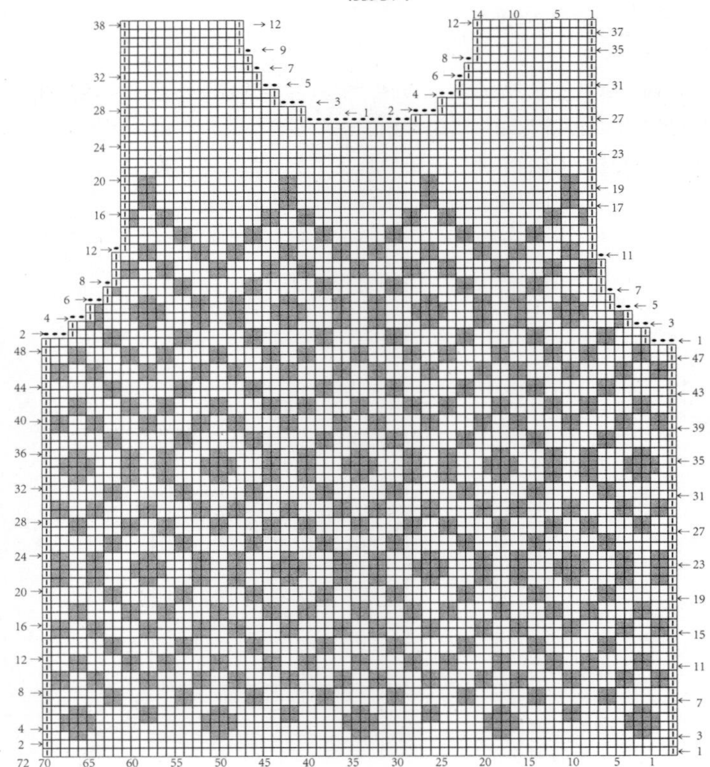

3.5mm钩针

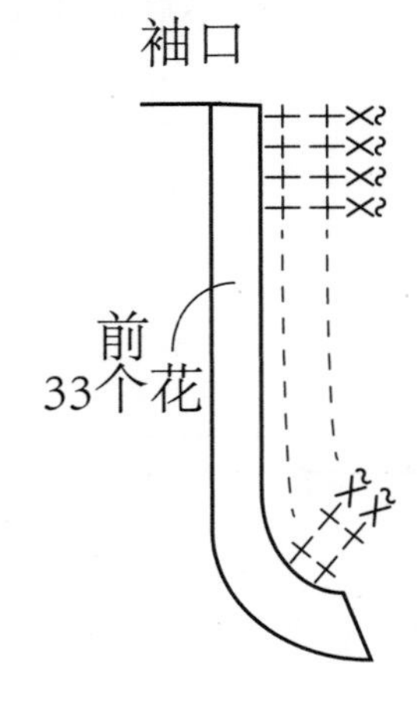
袖口
前
33个花

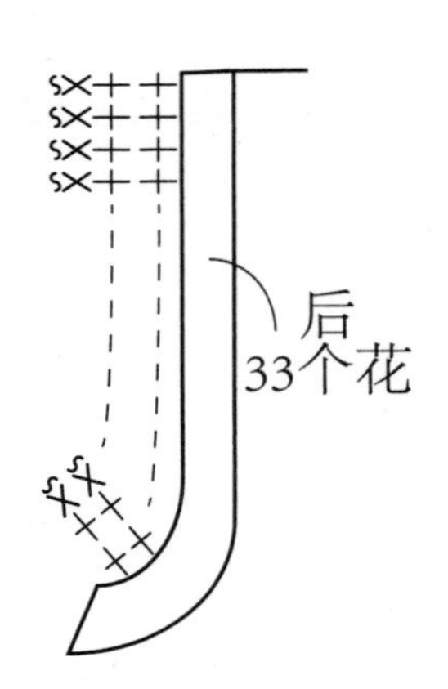
后
33个花

后身片

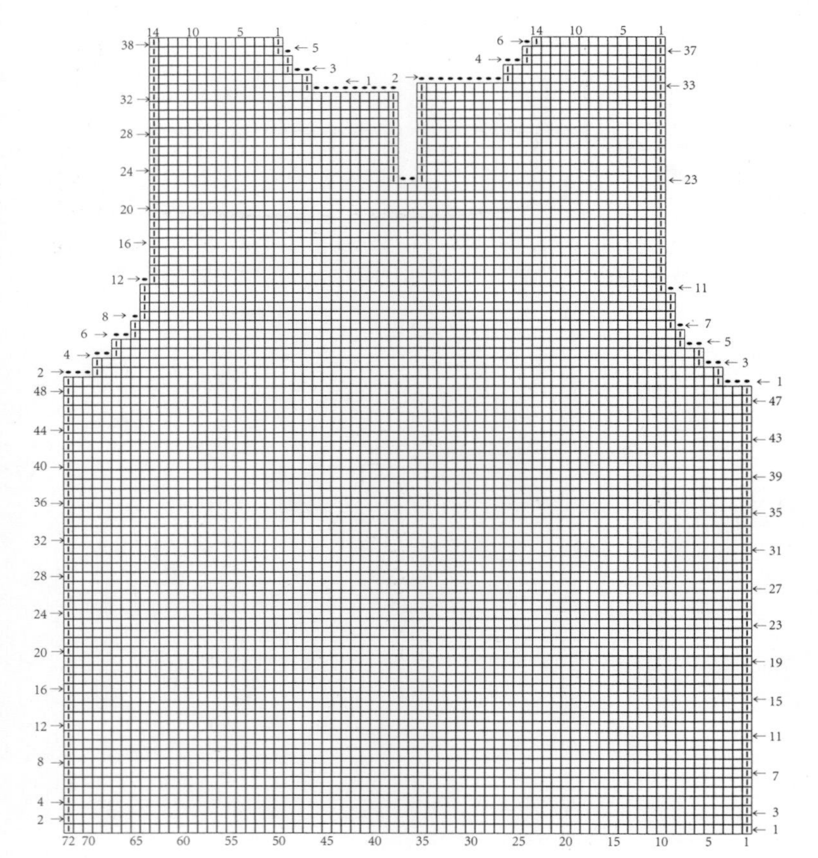

下摆花样编织

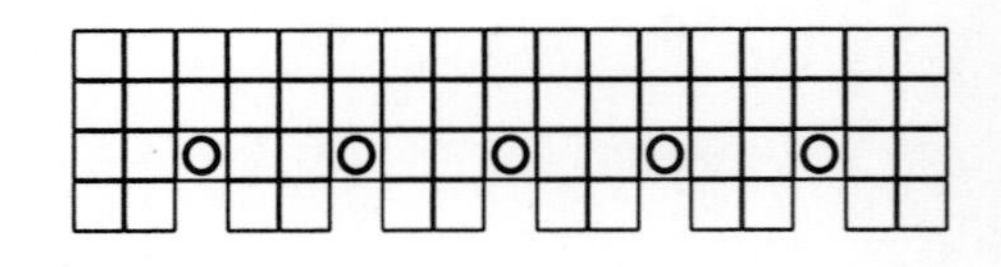

49
清爽夏日

编织材料·九色鹿新生儿专用线-1001白色-120g、1311蓝色-少量

编织工具·3.5mm钩针

成品尺寸·衣长35cm、胸宽34.5cm、肩宽18cm、袖口15cm

编织要点·此款毛衣编织的难点是花样。首先分别将前、后身片编织好并缝合，缝合时注意花样对齐、平整。接着编织左、右袖口缘边及领口缘边。

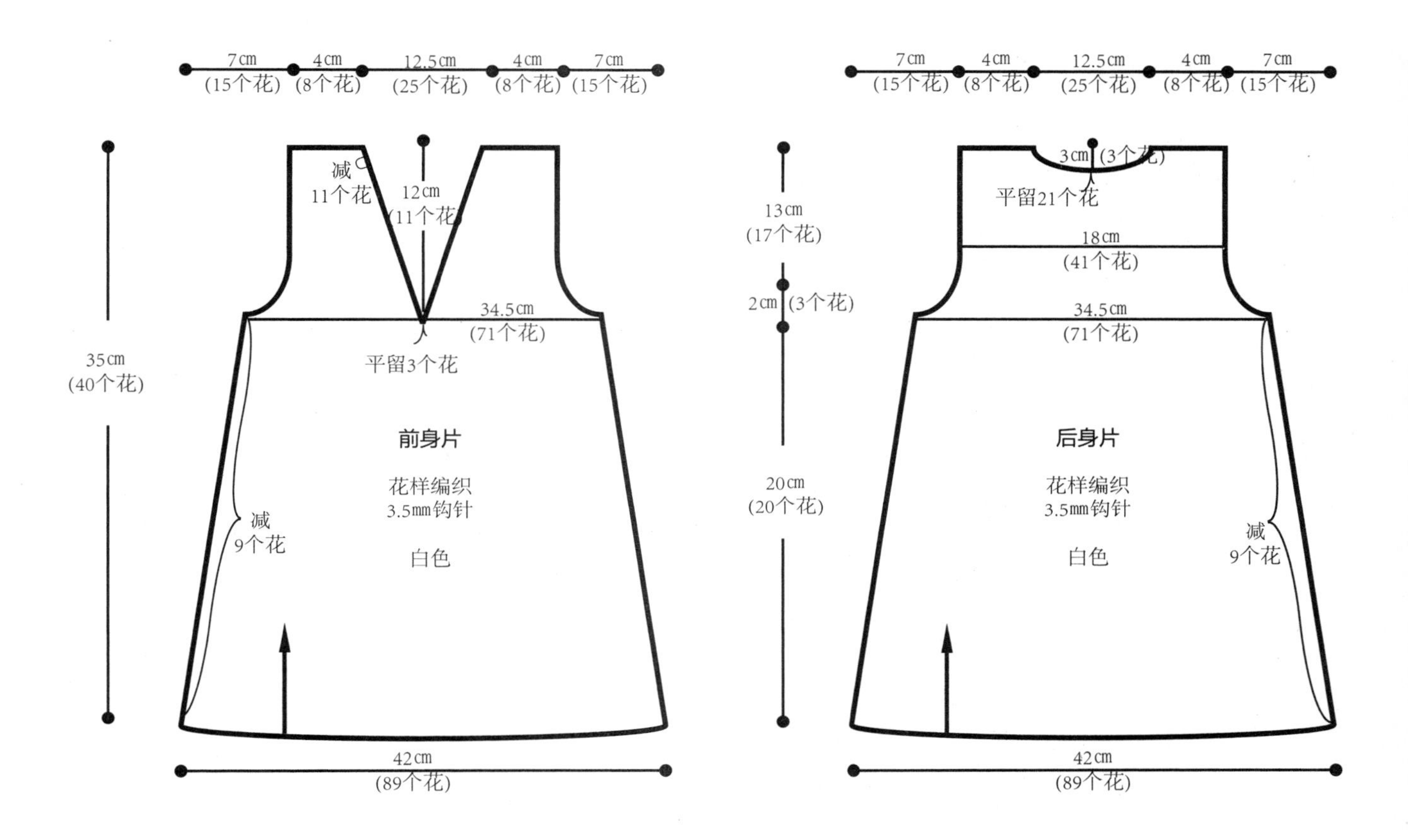
7cm (15个花)
4cm (8个花)
12.5cm (25个花)
4cm (8个花)
7cm (15个花)
减11个花
12cm (11个花)
34.5cm (71个花)
平留3个花
35cm (40个花)
前身片
花样编织
3.5mm钩针
白色
减9个花
42cm (89个花)
3cm (3个花)
平留21个花
13cm (17个花)
18cm (41个花)
2cm (3个花)
34.5cm (71个花)
20cm (20个花)
后身片
花样编织
3.5mm钩针
白色
减9个花
42cm (89个花)

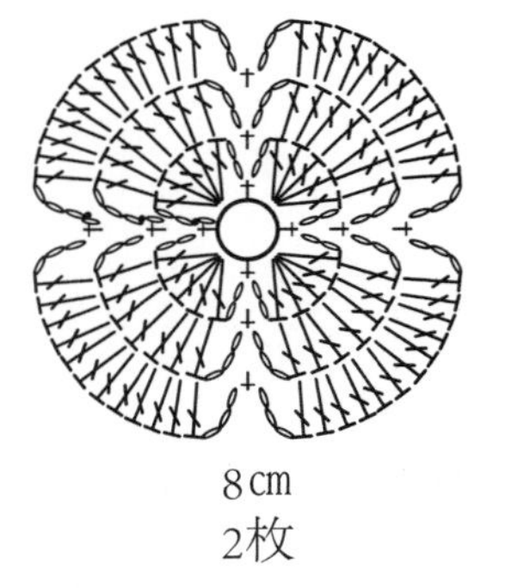

8cm
2枚

前领缘边
蓝色

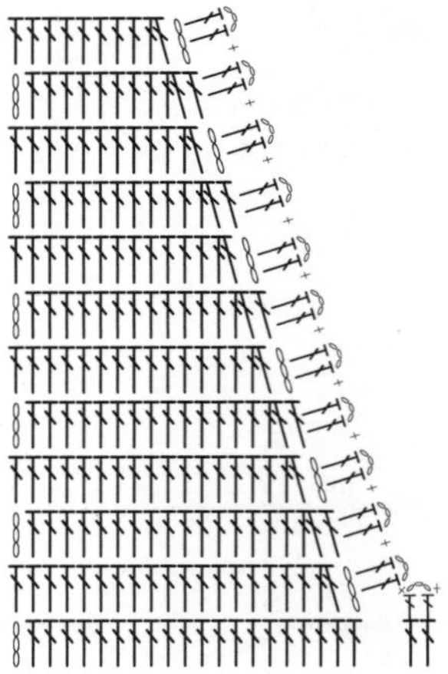

后领缘边
蓝色

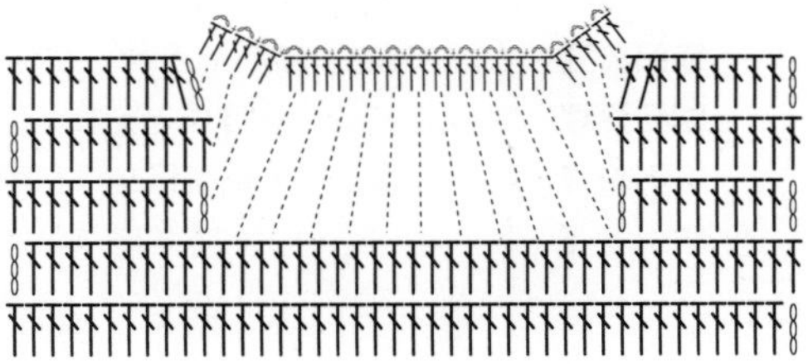

袖口缘边
白色

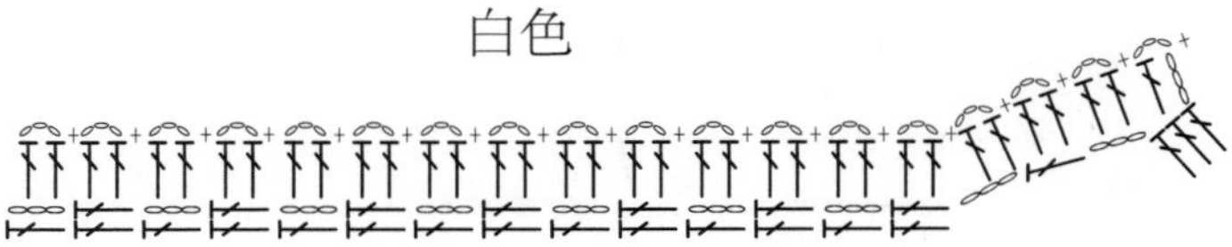

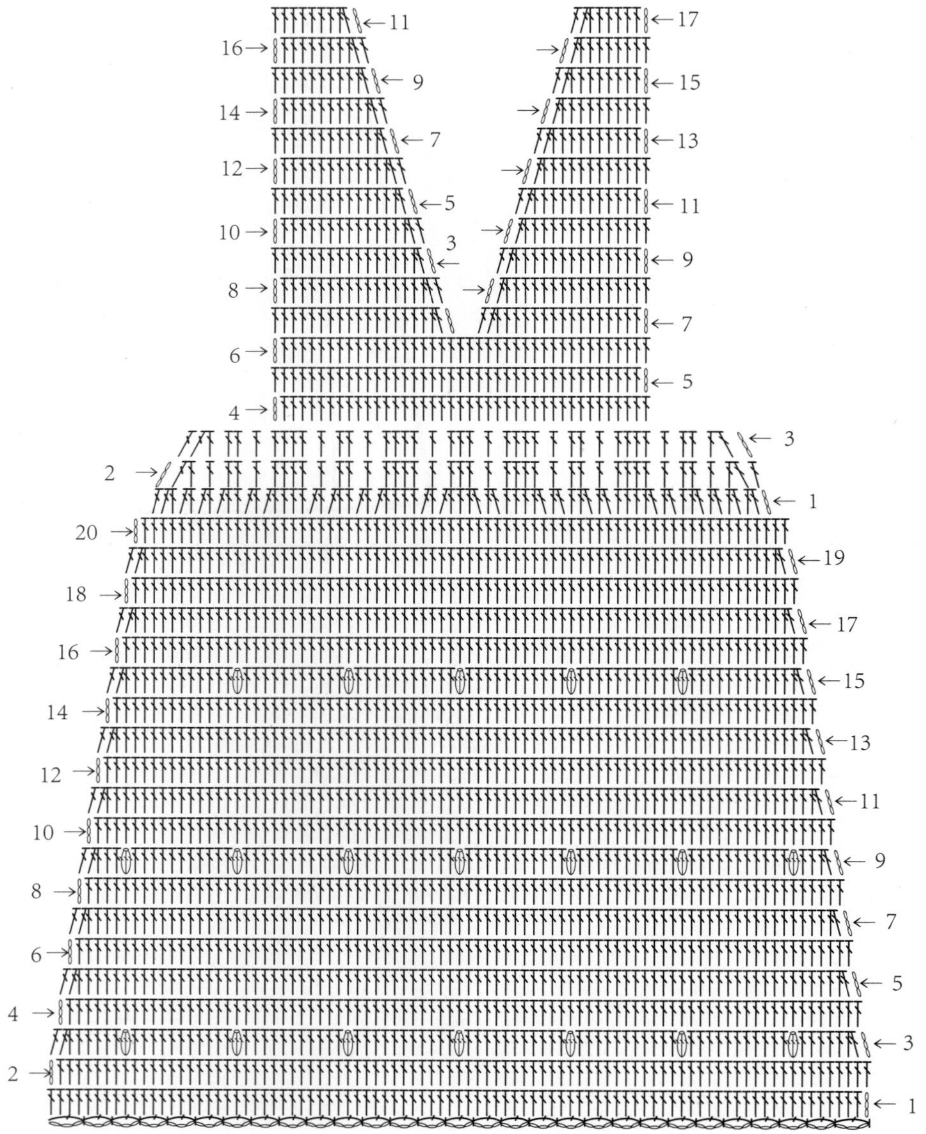
16 14 12 10 8 6 4
11 9 7 5 3
17 15 13 11 9 7 5
3 2 1
20 18 16 14 12 10 8 6 4 2
19 17 15 13 11 9 7 5 3 1

50
粉妆玉琢

编织材料·九色鹿金色童年-1204深粉红-150g
九色鹿韵皮草-1206粉红-50g、1210玫红色-50g

编织工具·4.0mm棒针、3.5mm钩针

成品尺寸·衣长33.5cm、胸宽34cm、肩宽24cm、袖口18cm

编织密度·19针×28行/10cm×10cm

编织要点·此款毛衣编织的难点是花样。首先分别将前、后身片编织好并缝合，缝合时注意花样对齐、平整。接着编织领口左、右缘边。跟着编织下摆缘边，最后将装饰线直接钩在身片上。

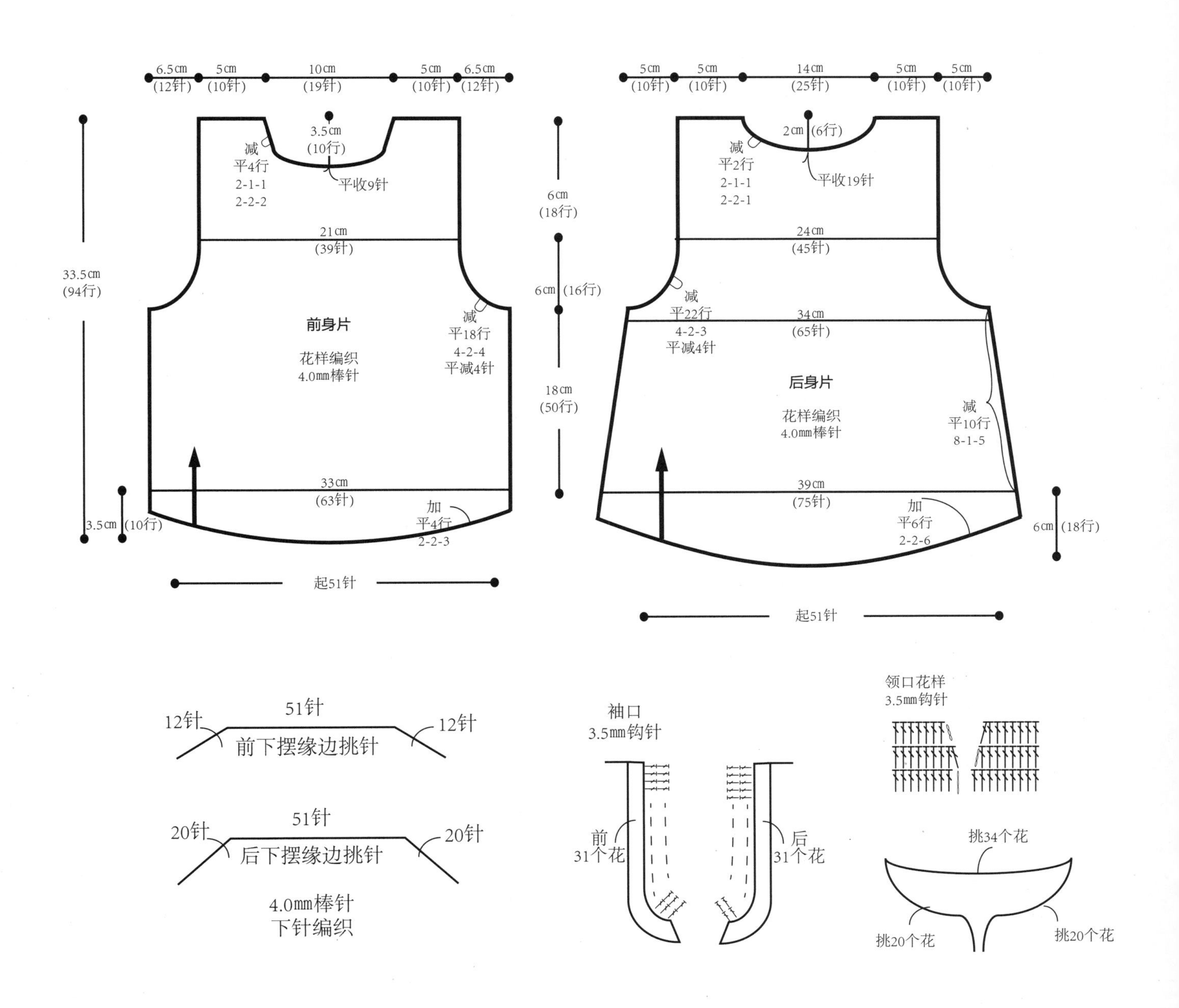
6.5cm (12针)
5cm (10针)
10cm (19针)
5cm (10针)
6.5cm (12针)
3.5cm (10行)
减
平4行
2-1-1
2-2-2
平收9针
21cm (39针)
33.5cm (94行)
前身片
花样编织
4.0mm棒针
减
平18行
4-2-4
平减4针
33cm (63针)
3.5cm (10行)
加
平4行
2-2-3
起51针
5cm (10针)
5cm (10针)
14cm (25针)
5cm (10针)
5cm (10针)
2cm (6行)
减
平2行
2-1-1
2-2-1
平收19针
6cm (18行)
24cm (45针)
6cm (16行)
减
平22行
4-2-3
平减4针
34cm (65针)
18cm (50行)
后身片
花样编织
4.0mm棒针
减
平10行
8-1-5
39cm (75针)
加
平6行
2-2-6
6cm (18行)
起51针
12针
51针
12针
前下摆缘边挑针
20针
51针
20针
后下摆缘边挑针
4.0mm棒针
下针编织
袖口
3.5mm钩针
前
31个花
后
31个花
领口花样
3.5mm钩针
挑34个花
挑20个花
挑20个花

前身片

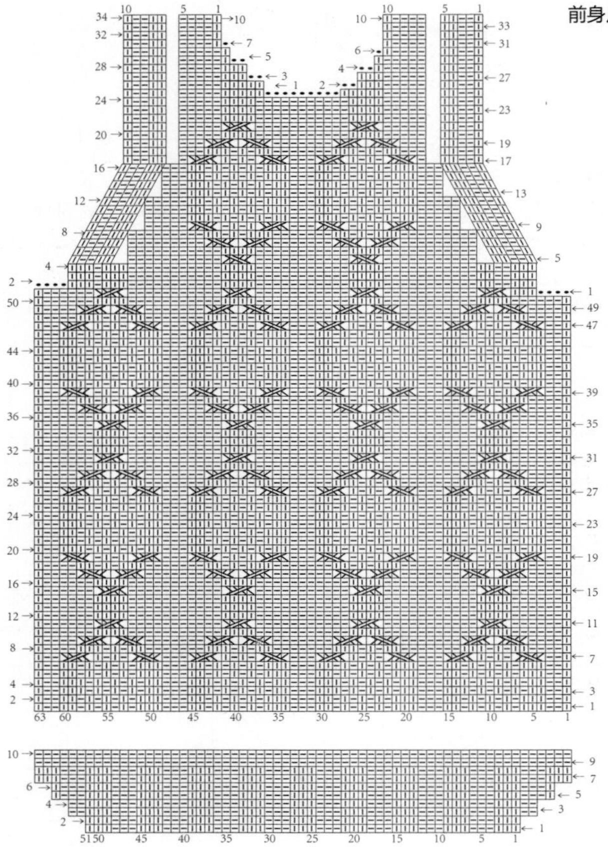

后身片

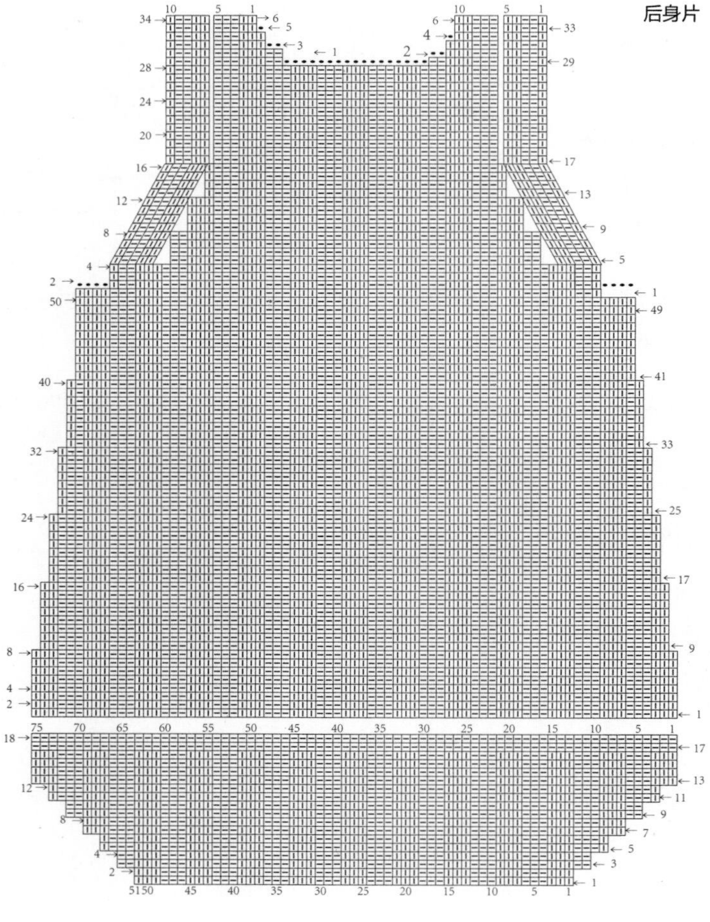

编织符号

棒针

	下针（正针）
	上针（反针）
	镂空针（挂针）
	扭针
	右上2针并1针
	左上2针并1针
	中上3针并1针
	右上3针并1针
	左上3针并1针
	3针3行的枣形针
	右上1针交叉
	左上1针交叉
	右上2针交叉
	左上2针交叉
	左上3针交叉

钩针

	锁针（辫子针）
	短针
	中长针
	长针
	长长针
	3卷长针
	狗牙针
	长针3针并1针
	长针3针的枣形针
	1针分2针长针
	1针分3针长针
	1针分4针长针
	1针分4针长针（间夹1针锁针）
	外钩长针
	内钩长针

图书在版编目（CIP）数据

七彩童年手织衣/李意芳著.--北京:中国纺织出版社，2016.6
（小不点美衣系列）
ISBN 978-7-5180-2526-8

Ⅰ.①七… Ⅱ.①李… Ⅲ.①童服-毛衣-编织-图集Ⅳ. ①TS941.763.1-64

中国版本图书馆CIP数据核字（2016）第066364号

责任编辑：阮慧宁　　　　责任印制：储志伟
装帧设计：水长流文化

中国纺织出版社出版发行
地址：北京市朝阳区百子湾东里A407号楼　邮政编码：100124
销售电话：010－67004422　传真：010－87155801
http: // www.c-textilep.com
E-mail: faxing@c-textilep. com
中国纺织出版社天猫旗舰店
官方微博http: // weibo.com/2119887771
北京华联印刷有限公司印刷　各地新华书店经销
2016年6月第1版第1次印刷
开本：889×1194　1/16　印张：9
字数：180千字　定价：32.80元